“基于系统能力培养的计算机专业课程建设研究”项目规划教材

计算机系统实验

Computer System Experiments

刘卫东 张宇翔 陈康 李山山 编著

高等教育出版社·北京

内容提要

本书为"基于系统能力培养的计算机专业课程建设研究"项目规划教材、2018年国家级教学成果奖配套教材。本书围绕计算机系统设计和实现这一目标,以培养学生系统能力为导向,给出了不同难度、不同层次的系列实验,构成了为系统能力培养服务的实验体系。

全书共9章。第1—4章分别介绍实验系统硬件平台的组成,实验系统的软件开发工具,Verilog HDL硬件描述语言和Vivado开发环境。第5章介绍计算机部件实验。第6章包括指令系统实验和单周期CPU计算机系统实验。第7章介绍多周期CPU计算机系统实验。第8章实验的目标是设计一个指令流水CPU,可以运行支持虚拟地址及中断功能的监控程序。第9章设计和实现一个能运行教学操作系统μCore或简单Linux操作系统的计算机系统。

本书可作为本科计算机类专业计算机系统课程配套的实践教材,也可供有关技术人员参考。

图书在版编目(CIP)数据

计算机系统实验 / 刘卫东等编著. --北京：高等教育出版社,2021.3

ISBN 978-7-04-055335-2

Ⅰ.①计… Ⅱ.①刘… Ⅲ.①计算机体系结构-实验-高等学校-教材 Ⅳ.①TP303-33

中国版本图书馆CIP数据核字(2020)第272156号

Jisuanji Xitong Shiyan

策划编辑 刘 茜　　责任编辑 刘 茜　　封面设计 张申申　　版式设计 张 杰
插图绘制 于 博　　责任校对 王 雨　　责任印制 田 甜

出版发行	高等教育出版社	网　　址	http://www.hep.edu.cn
社　　址	北京市西城区德外大街4号		http://www.hep.com.cn
邮政编码	100120	网上订购	http://www.hepmall.com.cn
印　　刷	北京七色印务有限公司		http://www.hepmall.com
开　　本	787mm×1092mm 1/16		http://www.hepmall.cn
印　　张	13.25		
字　　数	270千字	版　　次	2021年3月第1版
购书热线	010-58581118	印　　次	2021年3月第1次印刷
咨询电话	400-810-0598	定　　价	30.00元

物 料 号 55335-00

计算机系统实验

刘卫东　张宇翔
陈　康　李山山
编　著

1 计算机访问http://abook.hep.com.cn/187806，或手机扫描二维码、下载并安装Abook应用。
2 注册并登录，进入"我的课程"。
3 输入封底数字课程账号（20位密码，刮开涂层可见），或通过Abook应用扫描封底数字课程账号二维码，完成课程绑定。
4 单击"进入课程"按钮，开始本数字课程的学习。

课程绑定后一年为数字课程使用有效期。受硬件限制，部分内容无法在手机端显示，请按提示通过计算机访问学习。

如有使用问题，请发邮件至abook@hep.com.cn。

http://abook.hep.com.cn/187806

序

从技术的角度看,现代计算机工程呈现出系统整体规模日趋庞大、子系统数量日趋增长且关联关系日趋复杂等特征。这就要求计算机工程技术人才必须从系统的高度多维度地研究与构思,综合运用多种知识进行工程实施,并在此过程中反复迭代以寻求理想的系统平衡性。上述高素质计算机专业人才的培养,是当前我国高校计算机类专业教育的重要目标。

经过半个多世纪的建设,我国计算机专业课程体系完善、课程内容成熟,但在高素质计算机专业人才的培养方面还存在一些普遍性问题。

(1) 突出了课程个体的完整性,却缺乏课程之间的融通性。每门课程教材都是一个独立的知识体,强调完整性,相关知识几乎面面俱到,忽略了前序课程已经讲授的知识以及与课程之间知识的相关性。前后课程知识不能有效地整合与衔接,学生难以系统地理解课程知识体系。

(2) 突出了原理性知识学习,却缺乏工程性实现方法。课程教学往往突出原理性知识的传授,注重是什么、有什么,却缺乏一套有效的工程性构建方法,学生难以实现具有一定规模的实验。

(3) 突出了分析式教学,却缺乏综合式教学。分析式教学方法有利于学习以往经验,却难以培养学生的创新能力,国内高校计算机专业大多是分析式教学。从系统论观点看,分析式方法是对给定系统结构,分析输入输出关系;综合式方法是对给定的输入输出关系,综合出满足关系的系统结构。对于分析式教学方法来说,虽然学生理解了系统原理,但是仍然难以重新构造系统结构。只有通过综合式教学方法,才能使得学生具有重新构造系统结构的能力。

在此背景下,教育部高等学校计算类专业教学指导委员会(以下简称"教指委")提出了系统能力培养的研究课题。这里所说的"系统能力",是指能理解计算机系统的整体性、关联性、动态性和开放性,掌握硬软件协同工作及相互作用机制,并综合运用多种知识与技术完成系统开发的能力。以系统能力培养为目标的教学改革,是指将本科生自主设计"一台功能计算机、一个核心操作系统、一个编译系统"确立为教学目标,并据此重构计算机类课程群,即注重离散数学的基础,突出"数字逻辑""计算机组成""操作系统""编译原理"4门课程群的融合,形成边界清晰且有序衔接的课程群知识体系。在教学实验上,强调按工业标准、工程规模、工程方法以及工具环境设计与开发系统,提高学生设计开发复杂工程问题解决方案的系统能力。

在课题研究的基础上,教指委研制了《高校计算机类专业系统能力培养研究报告》(以下简称《研究报告》)。其总体思路是:通过对系统能力培养的课程体系教学工作凝练总结,明确系统能力培养目标,展现各学校已有的实践和探索经验;更重要的是总结出一般性方法,推动更多高校开展计算机类专业课程改革。国内部分高校通过长期的系统能力培养教学改革探索与实践,不仅提高了学生的系统能力,同时还总结出由顶层教学目标驱动、以课程群为中心的课程体系建设模式,为计算机专业改革提供了有益参考。这些探索与实践成果,也为计算机类专业工程教育认证中的复杂工程问题凝练,以及解决复杂工程问题能力提供了很好的示范。

高水平的教材是一流专业教育质量的重要保证。在总结系统能力培养教学改革探索与实践经验的基础上,国内部分高校也组织了计算机专业教材编写。高等教育出版社为《研究报告》的研制以及出版这批具有创新实践性的系列教材提供了支持。这些教材以强化基础、突出实践、注重创新为原则,体现了计算机专业课程体系的整体性与融通性特点,突出了教学分析方法与综合方法的结合,以及系统能力培养教学改革的新成果。相信这些教材的出版,能够对我国高校计算机专业课程改革与建设起到积极的推动作用,对计算机专业工程教育认证实践起到很好的支撑作用。

教育部高等学校计算机类专业教学指导委员会秘书长

马殿富

2016 年 7 月

前　言

计算机系统是信息社会最重要的基础设施，掌握计算机系统的基本运行原理，理解计算机硬软件的相互作用和关系，具备设计、构造、实现简单但功能完整的基本计算机系统的能力，是高等学校计算机专业的人才培养目标。随着我国的发展进入新时代，对人才培养的质量和数量提出了新的要求，在计算机专业教育中，这一挑战更为突出。近10年来，教育部高等学校计算机类专业教学指导委员会在全国开展计算机系统能力培养工作，在计算机专业课程教学中贯彻系统观点和系统方法，全面培养学生的系统能力，促进教师教学水平和学生培养质量的提高。

“实践出真知”，系统能力培养离不开相应的实验体系的支撑。然而，设计一个既能满足系统能力培养要求，又能达到专业培养目标的实验体系并非易事。传统的课程实验基本上围绕单一的部件如ALU、控制器、存储器等来设计，基本可以满足让学生掌握单一部件工作原理的培养要求，但无法达到系统能力培养所要求的完成基本完整计算机系统的设计的目的。如何设计一个既能配合教学过程需要，又能通过逐步扩充，最终形成完整计算机系统的实验体系，而且还能符合各学校本身的教学实际，是系统能力培养中面临的难点之一。

设计完成教学实验体系后，如何选择合适的教学实验平台是第二个难点。目前，市场上有各式各样的开发板，主要是为开发嵌入式系统设计的，对于计算机系统教学实验来说，由于系统内已经内置了不少IP核，对完成CPU设计不利，另外，开发板一般都配置DRAM（dynamic random access memory，动态随机存储器）作内存，而未配备SRAM（static random access memory，静态随机存储器），增加了访存设计的难度，还有就是价格比较昂贵，对于计算机系统设计的实验来说不是很合适。近年来，MOOC已经在教学中得到广泛应用，基于互联网的教学实验在程序设计类课程中已经十分普遍，但互联网上的硬件系统实验基本上采用软件模拟方法实现，与真实硬件环境有较大的差距。设计一个满足教学实验要求的、开放的、标准的硬件实验平台，并配置相应的软件工具链，包括但不限于编译器、汇编器、模拟器、调试工具及测试用例，且该平台能同时满足线上和线下实验的要求，是系统能力培养的基础条件。

硬件开发环境的选择也是计算机系统实验所必须考虑的重要因素，这直接关系到主芯片，也就是FPGA芯片的选型。开发环境主要应考虑选择当前的主流产品，以及环境本身的易用性和普及性。

从2009年起，清华大学计算机科学与技术系开展以系统能力培养为目标的课程体系改革，历经10年的教学改革实践，逐步形成了“注重系统，强调实验，培养能力”的教学理念，并在实验体系设计、实验平台开发和实验环境建设等方面做出了一些成绩，取得了不错的效果。在实验体系设计上，围绕系统能力培养的教学目标，根据课程教学的进度，精心设计阶段性的面向部件的教学实验，使学生不但能及时掌握计算机主要部件运行原理，同时也为完整计算机系统的设计打好基础。最后，通过综合实验来集成，完成完整的计算机系统设计。为满足不同类型学校的教学目标，我们在本书中设计了类别、难度和层次不同的实验，供各高校的教师选择使用。

为支持上述实验体系的实现，清华大学计算机科学与技术系推出了最新的ThinPAD-Cloud教学计算机实验平台。它继承了原TEC系列教学计算机面向系统、硬软件配置齐全、支持的实验可全面覆盖课程大纲要求的知识点等特点，同时，也保留了原ThinPAD教学计算机根据系统能力培养目标，支持指令流水、存储管理等系统性实验内容，外部接口更为丰富的优点，最具特色的是，ThinPAD-Cloud系统面向远程实验的要求设计，可支持实验者通过互联网完成真实的硬件实验，且获得与直接使用实验板进行实验同样的效果。

具体来说，ThinPAD-Cloud实验平台具有以下突出的特点：

1. 以计算机系统为实验设计目标，配置了基本齐全的软、硬件系统，使教学计算机在组成和系统结构上与实际的计算机基本相同，完全满足计算机系统能力培养的教学要求。

2. 实验平台按32位字长设计，采用哈佛结构，配置了8 MB的静态存储器芯片作为内存，可满足实现指令流水CPU要求，并能运行简单的操作系统内核。

3. 实验平台指令系统全面采用MIPS32指令格式，与课堂教学采用的指令系统相同，实验者通过实验可加深对教学内容的理解，巩固课堂教学的效果。

4. 可支持丰富的教学实验，完全覆盖计算机组成原理课程的教学重点，并能完成数字逻辑、计算机接口技术、系统结构课程的部分实验。

5. 利用硬件描述语言编程完成实验，使实验者可在实验中掌握基本的硬件设计方法，培养硬件系统设计和调试能力。

6. 实验平台配备了多种常用的外部设备接口，方便实验者在实验中选用。

7. 实验平台同时支持线下直接进行实验，也支持互联网上的远程实验，且线上线下实验环境和界面基本相同，拓展了实验的时间和空间。

本书以清华大学计算机科学与技术系在系统能力培养方面的实践为基础，全面介绍以ThinPAD-Cloud实验平台为基础的面向系统能力培养的实验体系，希望能为开展系统能力培养的高校在实验平台、实验内容等方面提供有益的支持。全书共分为9章，各章主要内容如下。

第1章 ThinPAD-Cloud教学计算机实验平台。本章介绍ThinPAD-Cloud教学计算机实验平台的组成，包括整体结构、核心芯片、外部接口资源等，并简单说明了运用该平台进行实验的连接方式和使用方法。

第2章　计算机系统综合设计软件工具。本章介绍实验时使用的相关软件系统，包括基本的指令集说明，编译器GCC、模拟器QEMU的使用方法。

第3章　Verilog HDL硬件描述语言。本章简单介绍Verilog硬件描述语言的特点和该语言的基本知识，帮助读者快速了解Verilog语言以及使用该语言进行编程的方法。

第4章　Vivado开发环境。本章主要介绍教学计算机核心芯片Xilinx公司的FPGA的开发环境，通过示例帮助读者掌握硬件设计的基本流程。

第5章　计算机系统部件实验。本章介绍计算机系统各主要组成部件的实现，包括算术逻辑部件ALU、寄存器文件、静态存储器、控制器等部件的实现，以及串行接口、Flash、键盘、DVI等外部接口的实验。这些实验是完成计算机系统设计的基础。

第6章　单周期CPU系统设计实验。包括指令系统实验、单周期CPU计算机系统实验。本章实验是设计并实现一个仅包含3条MIPS32指令的单周期CPU，可运行计算斐波那契数列程序。

第7章　多周期CPU计算机系统实验。首先通过模拟器，熟悉监控程序使用的指令的功能和指令格式，然后，设计多周期CPU计算机系统，运行基本版监控程序实验。其后的bootloader实验，通过bootloader将监控程序从Flash中加载到内存，掌握启动计算机操作系统的基本方法；最后，扩展多周期CPU支持中断功能，以运行支持中断的监控程序版本。这些实验要求实验者在完成计算机组成课程学习的基础上，全面运用所学知识，由易到难，逐步设计并实现一台功能基本完整的计算机系统，通过实践检验课程的学习成果，培养综合运用知识解决实际问题的能力。

第8章　指令流水CPU计算机系统实验。本章实验的目标是设计一个指令流水CPU，可以运行支持虚拟地址及中断功能的监控程序。首先是TLB的实验，通过创建TLB并进行TLB表项的查找和维护，了解TLB的功能和基本实现方法。然后，设计指令流水CPU，并使其支持中断和TLB功能，以运行高级监控程序版本。

第9章　操作系统实验。设计并实现一个能运行教学操作系统μCore或简单Linux操作系统的计算机系统。这些实验要求学生在掌握计算机组成相关知识的基础上，还需要掌握操作系统的基本原理，设计并实现能运行操作系统的计算机系统。

本书设计了3个层次的多个教学实验，基本构成了面向计算机系统能力培养的教学实验体系。这些实验内容十分丰富，完成这些实验对同学们学习和掌握计算机系统知识肯定大有裨益。但是，限于实验课时，全部完成这些教学实验基本不太可能。建议根据各自的教学目标，从下面方案中选择一个完成。

1. 研究型大学计算机专业。研究型大学计算机专业本科生的目标是培养计算机设计人才，掌握计算机各组成部件的基本运行原理和运行机制是计算机系统类课程的教学目标。教学实验应以完成指令流水CPU计算机系统实验为教学目标,在此之前,可先完成如ALU实验、I/O实验等验证性实验,以及控制器设计等设计性实验,为完成综合性实验打好基础。

2. 应用型大学计算机专业。应用型大学计算机专业本科生的目标是培养计算机应用人才,相关硬件课程的教学目标是能掌握计算机的基本组成以及基本的运行机制。教学实验以完成简单计算机系统实验为目标,不必完成后续章节的更高难度的实验。

3. 非计算机专业。对这些同学的教学要求是能了解计算机的基本组成以及基本的运行原理即可,实验要求以计算机系统部件实验为目标。

教学计算机系统历经多年研制,在此,作者十分感谢王诚教授对计算机组成原理课程教学所做出的贡献,他总结的教学方法和教学理念给了我们有力的指导,王老师还开创了对教学计算机的研制工作,为ThinPAD-Cloud的研制打好了基础。清华大学计算机科学与技术系向勇老师、龚拓宇、董豪宇、张乐、姚远、杨松涛、韦毅龙、李成杰、王润基等都对教学计算机的研制做出了贡献。另外,特别感谢南京师范大学鲍培明、河北地质大学左瑞欣和邹惠、首都师范大学关桂霞等老师提供的各具特色的实验设计,以及对ThinPAD-Cloud系统进行的测试。

书中所有的实验均在ThinPAD-Cloud教学计算机上进行了参考实现,采用本书作实验教材的老师可联系高等教育出版社获取。

本书第1章、第6章主要由刘卫东编写,第2章、第8章和第9章由张宇翔编写,第3章、第4章、第7章由陈康编写、第5章由李山山编写,刘卫东审阅了全稿。限于时间和作者的水平有限,书中可能还存在不足甚至错误,恳请广大读者批评指正。

作　者

2020年9月

目　录

第1章　ThinPAD-Cloud 教学计算机实验平台

1.1　总体介绍

ThinPAD-Cloud 教学计算机实验平台是清华大学计算机科学与技术系为计算机系统类课程教学实验专门设计的。实验平台的设计目标充分考虑了完整计算机系统设计和实现的需要，以现场可编程门阵列(field programmable gate array，FPGA)为核心、配置静态随机存储器(static random access memory，SRAM)作为内存、整体结构采用了哈佛结构，可以实现指令流水功能。同时，教学计算机配备了较为丰富的外部接口，如串口、闪存、HDMI(high definition multimedia interface，高清晰度多媒体接口)、网口等，以及硬件实验必不可少的手拨开关、指示灯，可以完成计算机组成原理的课程实验，也可以满足大多数硬件课程实验的要求。图 1.1 是 ThinPAD-Cloud 教学计算机的外观图。

图 1.1　ThinPAD-Cloud 教学计算机的外观

与传统的基于74系列逻辑芯片的实验平台相比,基于FPGA的ThinPAD-Cloud教学计算机实验平台具有完全的可编程性,学生可以充分发挥自己的创造性,设计出新颖的架构和创新的应用。同时ThinPAD-Cloud平台配置的大容量FPGA(100K LEs)使得学生完成较复杂的处理器设计(如带有缓存的流水线CPU)成为可能。

与市面上大多数FPGA开发板不同,ThinPAD-Cloud板载了8 MB的大容量的静态随机存储器(SRAM),而不是DDR SDRAM(double data rate synchronous dynamic random access memory,双倍数据速率同步动态随机存储器,简称DDR动态存储器)。由于SRAM具有访存延迟低、周期固定的特点,这一设计极大降低了内存控制器和CPU访存部分的设计难度,有助于学生实现一个完整的计算机系统。

在外围电路设计上,ThinPAD-Cloud提供了32位拨码开关和多个按钮开关,16位LED和两个7段数码管,用于完成基础实验和辅助调试。实验平台还提供了串口、HDMI、以太网、USB等常见的计算机外设接口。其中串口主要用于上位机通信,输出调试信息,是实验开发过程中最主要的通信接口。HDMI接口可以外接显示器输出图像,从而实现终端显示、图形界面等。以太网和USB接口供学生自由开发,扩展网络通信、键盘鼠标支持、U盘读写等功能。如果学生完成图形显示和键盘等扩展功能后,整个平台就拥有了自己的输入/输出功能,可以作为独立的计算机系统运行,实验成果的可展示性得到很大的提升。

此外,ThinPAD-Cloud实验平台还板载了控制模块,集设计文件写入FPGA、串口转换、SRAM读写和Flash读写等功能于一体。平台只需连接一根USB线到开发计算机,免去了外接JTAG下载线和USB转串口线的不便。这些功能支持Windows、MAC和Linux三大主流操作系统,将实验平台连接到装有这些操作系统的计算机后无须安装其他专用程序就可以使用,为实验环境准备带来方便。实验平台内置的SRAM、Flash读写工具,可以帮助实验者快速地把软件程序加载进存储器中,避免通过串口加载的长时间等待,也可以读取存储器内容,检查存储器相关实验。

更具特色的是,ThinPAD-Cloud实验平台还实现了基于互联网的远程实验功能,实验者可通过互联网访问远程实验系统,获得和本地实验完全一样的效果,极大地提高了通过该平台进行硬件实验教学的可用性。

下面,逐一介绍ThinPAD-Cloud教学计算机各组成部分的特点。

1.2 实验平台结构

实验平台以一片Xilinx公司的Artix-7系列FPGA为核心,其型号为XC7A100。它具有

101 440 个逻辑单元(LE),与计算机架构相关的大多数实验都可以在其上完成。较大的逻辑容量使学生不但可以在上面实现一个常规的支持指令流水的 CPU,还可以扩展实现更高级的功能(如缓存)。系统整体结构如图 1.2 所示。

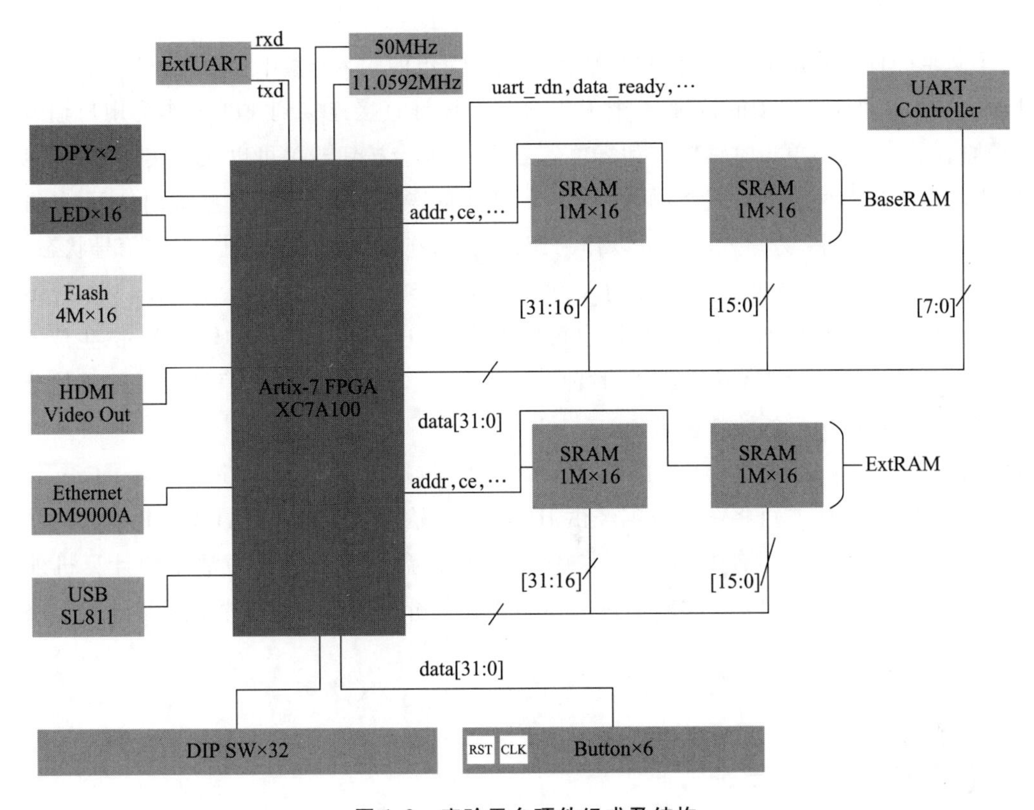

图 1.2　实验平台硬件组成及结构

实验平台上配置了 SRAM 和 Flash 闪存两类存储芯片,作为计算机系统的存储器使用。其中 SRAM 由四片 1 M×16 位的芯片组成,每两片组成一个独立单元,分别称为 BaseRAM 和 ExtRAM,每个单元的容量都是 1 M×32 位。两个单元的地址、数据和控制信号分别连接到 FPGA。这种内存模式对实现指令流水的计算机架构比较合适,可以将指令和数据存储在两个不同的存储空间,实现在一个机器周期中同时访问指令和数据,以避免指令流水带来的结构冲突。当然,用户也可以将两个存储器单元逻辑上合并为一个 8 MB 的内存单元使用,以便运行一些要求内存容量比较高的程序,如完成嵌入式操作系统等的实验。

实验平台配置的非易失性存储器是一片 8 MB 容量,16 位数据位宽的 NOR 闪存。实验者可以使用它来实现文件系统,也可以用来存储操作系统镜像文件。在调试硬件逻辑时,每次启动可以从闪存直接加载软件。由于从闪存载入镜像文件比串口快,可极大地节省调试硬件逻辑的时间。

实验平台配置有一个串口控制器,支持简单的异步串行接口通信功能。串口控制器与FPGA之间是并行的接口,包括8位数据信号线和几根控制信号线。其中数据信号与BaseRAM的数据线共享,相当于引入了共享总线的概念,要求实验者设计的处理器在访问串口时需要处理总线冲突问题。

为了满足硬件实验调试的需要,实验平台提供了简单的输入/输出(I/O)组件,包括有32位DIP开关、两个带硬件去抖动的按键、4个无去抖动的按键直接连接到FPGA作为用户输入。其中去抖动按钮主要用作单步时钟输入和复位信号输入,其余按钮开关可以在小实验中用作数据、指令输入。板上还有两个7段式数码管和16个LED灯连接到FPGA。这些输出信号,一方面可在实验中用于显示结果,另一方面也可以作为调试输出,连接到内部逻辑中,观察信号状态。

实验平台上为FPGA提供两个时钟输入,频率分别是50 MHz和11.059 2 MHz。其中50 MHz频率的时钟可以作为CPU设计的主时钟,也可以连接到FPGA内部的时钟管理单元,生成所需的任意频率的时钟。11.059 2 MHz频率的时钟主要用于串口通信,该时钟信号经过整数倍分频后可以直接得到标准的串口的波特率数值。

此外,实验平台上还提供了丰富的外部接口资源,包括DVI(digital video interactive,数字视频交互)并串编码芯片,它可将图像数据经由HDMI接口输出到显示器上;100 MB以太网网卡芯片,可提供网络连接能力;还有USB接口芯片,可支持键盘、鼠标、U盘等常见的计算机外部设备。接口芯片的原理与使用方法将在后续的章节中详细介绍。FPGA芯片引脚与外围电路连接关系在附录中给出。

1.3 可编程逻辑芯片

可编程逻辑芯片的使用为教学计算机硬件实验平台提供了极大的灵活性,实验者可以在芯片上自主地构造数字逻辑电路,完成实验任务和扩展功能。实验平台选用的是Xilinx公司的Artix-7系列FPGA,型号为XC7A100,该器件以28 nm高性能低功耗工艺为基础构建,功耗较前一代产品降低一半。从型号可以看出该芯片容量为100K LE,采用FBGA(fine-pitch ball grid array,细间距球栅阵列)封装工艺,共有676个引脚。

Artix-7系列FPGA功能强大,内部由可配置逻辑块、时钟管理单元、嵌入存储器、数字信号处理单元、I/O单元、千兆收发器和模拟数字转换器等构成。它们由片上的互连线连接起来,组成一个大规模的可编程逻辑电路。下面简单介绍几个常用单元的内部结构及原理。

1.3.1 可配置逻辑块

FPGA能够实现任意逻辑电路的根本原因,在于内部存在着大量的查找表(look-up table,

LUT）和触发器（flip-flop，FF），这些查找表和触发器通过片上的互连线和开关阵列适当地连接起来，原则上就能够实现任意的组合逻辑电路和时序逻辑电路。

所谓查找表，本质上就是一个小容量的静态存储器（SRAM）。一个组合逻辑电路的功能可以用一张真值表来描述，如果把这张真值表存储在 RAM 中，当输入信号到达时，查询真值表得到输出值，就可以模拟这个组合逻辑电路的功能。FPGA 中实现组合逻辑就是基于这样的思想，当实验者在计算机上用 EDA（electronic design automation，电子设计自动化）工具录入逻辑设计后，EDA 工具自动将各个组合逻辑电路拆分，变为一张张小的真值表，最终保存到比特流（Bitstream）文件中。将比特流文件写入 FPGA 芯片后，这些真值表便存储在片上的 LUT 中，这样 FPGA 就能实现用户设计的逻辑电路功能，如图 1.3 所示。

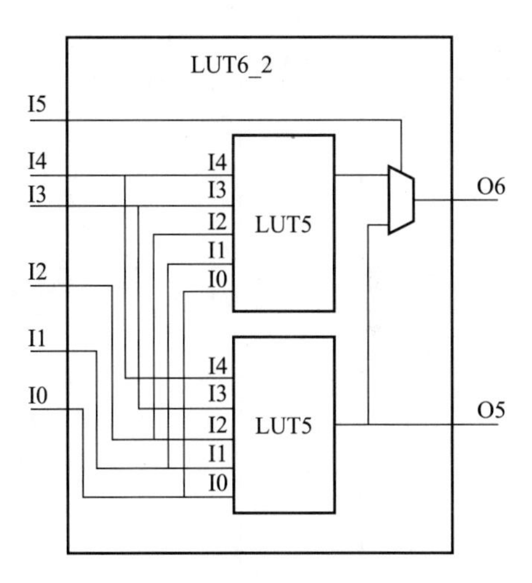

图 1.3　LUT 的结构示意

在 Xilinx 的 Artix-7 系列 FPGA 中，每个 LUT 可以配置为 6 输入 1 输出，或者 5 输入 2 输出两种模式。当配置为 6 输入 1 输出时，相当于每个 LUT 就是一个容量为 2^6 的 RAM，RAM 宽度为 1、深度为 2^6。当配置为 5 输入 2 输出时，RAM 宽度为 2、深度为 2^5。也就是说，一个 LUT 可以实现不多于 6 个输入信号和 1 个输出信号的任意组合逻辑电路。FPGA 芯片中有大量的 LUT，这些 LUT 之间通过开关矩阵级联，从而得到一个更大规模的组合逻辑电路。

除了组合逻辑电路外，在设计中还经常用到时序逻辑电路。FPGA 中有专用的触发器，它们也通过开关矩阵互相连接，同时也与 LUT 相连。LUT 与 FF 恰当连接后，就能实现一个时序逻辑电路。

Xilinx 的 Artix-7 系列 FPGA 中的 FF 如图 1.4 所示，它有一个时钟输入 C、一个信号输入端 D、一个信号输出端 Q，以及使能 CE、复位控制信号 R。在 Xilinx 的 EDA 工具中被称为 FDRE（FF with Data Reset and Enable）。其中复位信号可以被配置为同步、异步和高有效、低有效等多种模式。模式的选择和 FF 间的连接关系通常也是由 EDA 工具自动完成并保存在比特流中的，不需要用户干预。

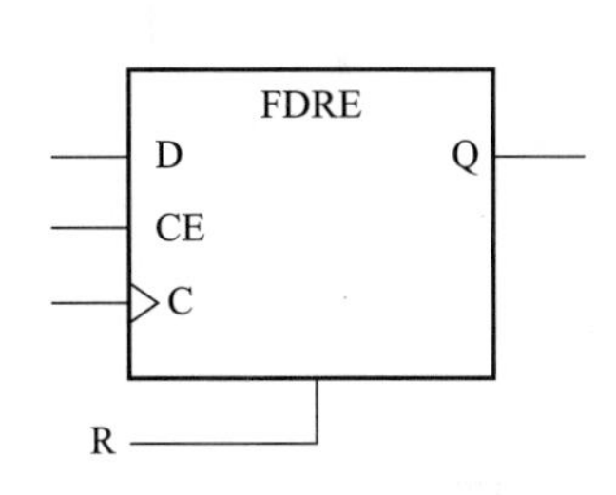

图 1.4　FF 的结构示意

LUT 和 FF 在 FPGA 芯片中被组织成一个逻辑片（Slice），它的简化结构如图 1.5 所示。

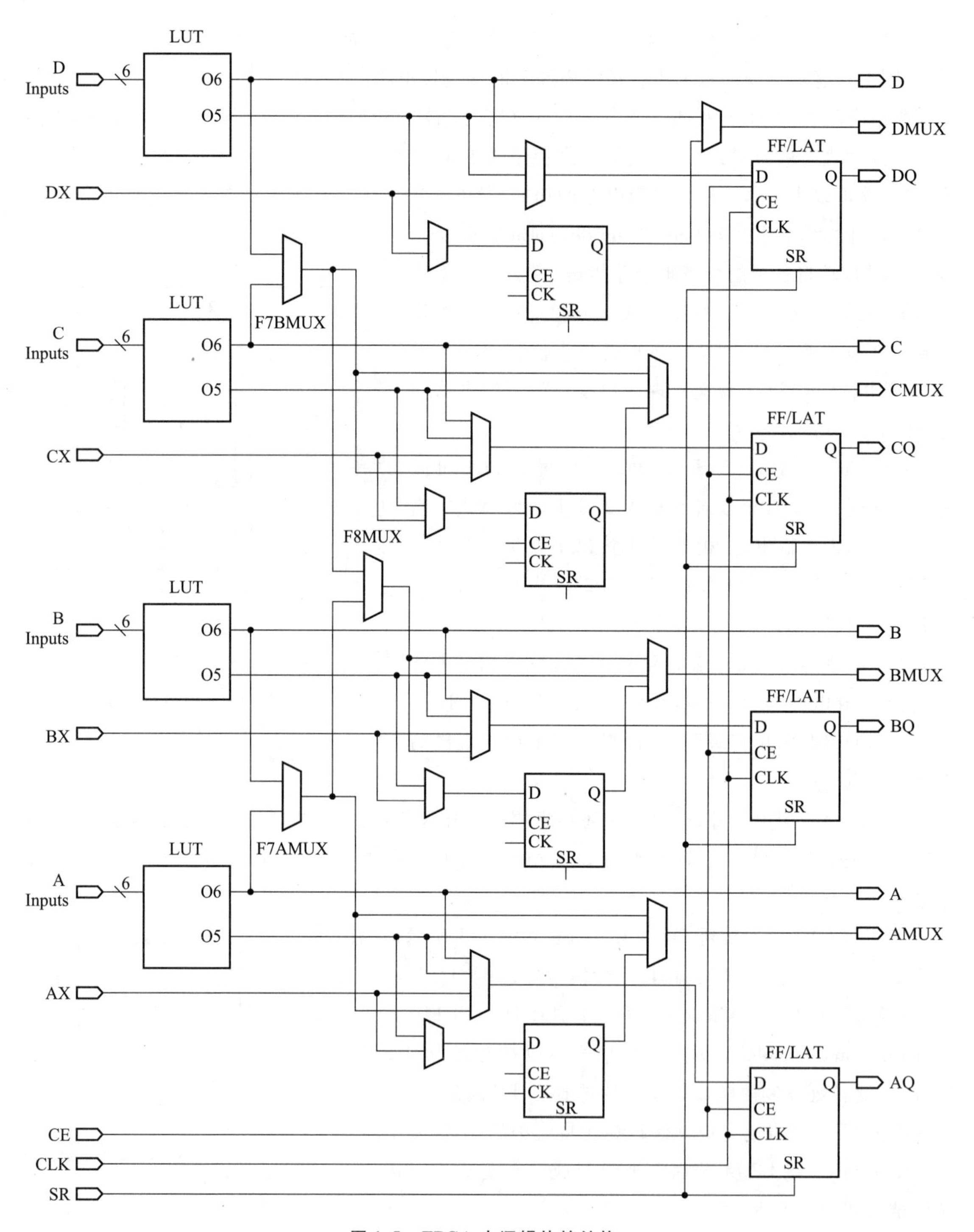

图 1.5　FPGA 中逻辑片的结构

可见每个逻辑片中包含了多个 LUT 和 FF,它们之间经由多路选择器连接,以便实现快速进位等常用的数字逻辑电路。每两个逻辑片被组成一个可配置逻辑块(configurable logic block,CLB),最后大量的 CLB 之间再由开关阵列连接起来。这样的架构使得 FPGA 片上的 LUT、FF 可以自由地连接,形成一个更大规模、可配置的逻辑电路,以实现用户所需要的逻辑电路功能,如图 1.6 所示。

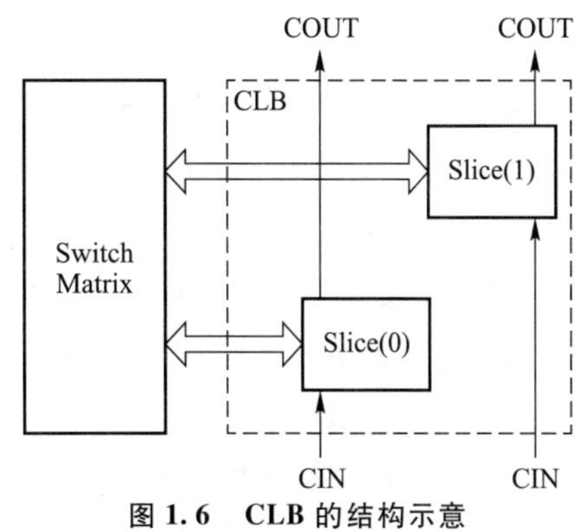

图 1.6 CLB 的结构示意

在 EDA 工具生成的比特流文件中,包含了所有 LUT 的值、FF 的模式以及开关矩阵的连接方式等信息。一旦比特流写入 FPGA 后,FPGA 就进入了已配置的状态,成为一个拥有特定功能的逻辑电路。

因此,使用 FPGA 芯片进行硬件系统设计,就是通过某种硬件描述语言,描述所需要设计的逻辑电路的功能,然后,使用 EDA 工具生成比特流文件,将比特流文件写入到 FPGA 芯片中,进行调试,直到满足设计要求。这种方式,将传统的硬件设计方法改变成类似于软件程序设计方法,加快了硬件系统设计的速度,并极大地降低了硬件设计成本,成为设计硬件系统的主流方法。

1.3.2 嵌入存储器

在数字逻辑电路设计中,经常会使用存储器处理数据缓冲和高速缓存等。在 FPGA 中使用 FF 来构建存储器在原理上是可能的,但一个 FF 只能存储一个 bit 的数据,使用起来非常不经济。因此 FPGA 设计者在芯片中放置了一些专用的存储器,称之为嵌入存储器(Block RAM,BRAM)。它们本质上就是 SRAM,专门用于存储数据,单位容量占用的芯片面积与用 FF 构建的存储器相比小很多,更加经济实用。

Xilinx 的 Artix-7 系列 FPGA 中,每个 BRAM 的容量为 36 Kb,BRAM 的个数根据芯片容量各不相同。在 ThinPAD-Cloud 选用的 XC7A100 型号的 FPGA 中,共有 135 个 BRAM,总的 BRAM 容量为 4 860 Kb。BRAM 均匀分散在芯片上,通过内部互连线与 CLB 相连,从而可以被用户逻辑访问。

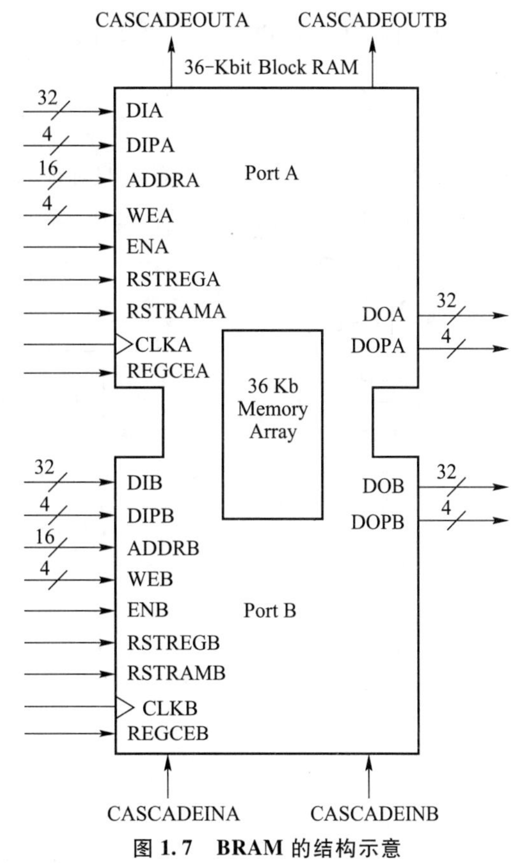

图 1.7 BRAM 的结构示意

如图 1.7 所示,BRAM 有两个独立的读写端口以及一些级联用的信号线。与 CLB 类似，BRAM 也有很多的可配置功能，并且可以级联成为一个大容量的存储器。如果直接在代码中手工例化 BRAM 需要填写很多配置项，如果有多个级联时还要声明大量的连线，因此直接例化 BRAM 是不明智的。当设计要用到 BRAM 时，用户通常会在 Vivado 工具的 IP Category 中打开 Block Memory Generator，填写所需要的存储器容量、位宽等信息，生成一个 IP 核（intellectual property core，知识产权核）。该 IP 核就包括了 BRAM 的配置信息和连接关系。这样，EDA 工具就能在编译时自动地把该存储器映射成一个或多个 BRAM，并嵌入到用户逻辑当中。

除了用作一个简单的 RAM 之外，BRAM 单元还可以被组合成双端口 RAM、FIFO 等 IP 核。它们常常被用于跨时钟域的数据传输等场合，有兴趣的读者请参考 block memory generator 的用户手册。

1.3.3 时钟管理单元

在 FPGA 设计中，一般采用同步时序逻辑电路的设计方式，即一个时钟域里面的所有触发器都使用一个时钟信号。在这种设计方法中，一个稳定的、低抖动的时钟信号是保障电路稳定工作的必要条件。因此 FPGA 中提供专用的时钟合成电路和时钟网络，用于向芯片内所有时序逻辑提供时钟信号。

如果片外输入时钟满足设计要求，设计者可以直接使用片外输入的时钟作为内部时序逻辑的时钟信号。然而，很多时候需要的时钟频率与外部输入不同，或者需要多个不同频率的时钟，这时就需要用到 FPGA 上的时钟合成器，如图 1.8 所示。

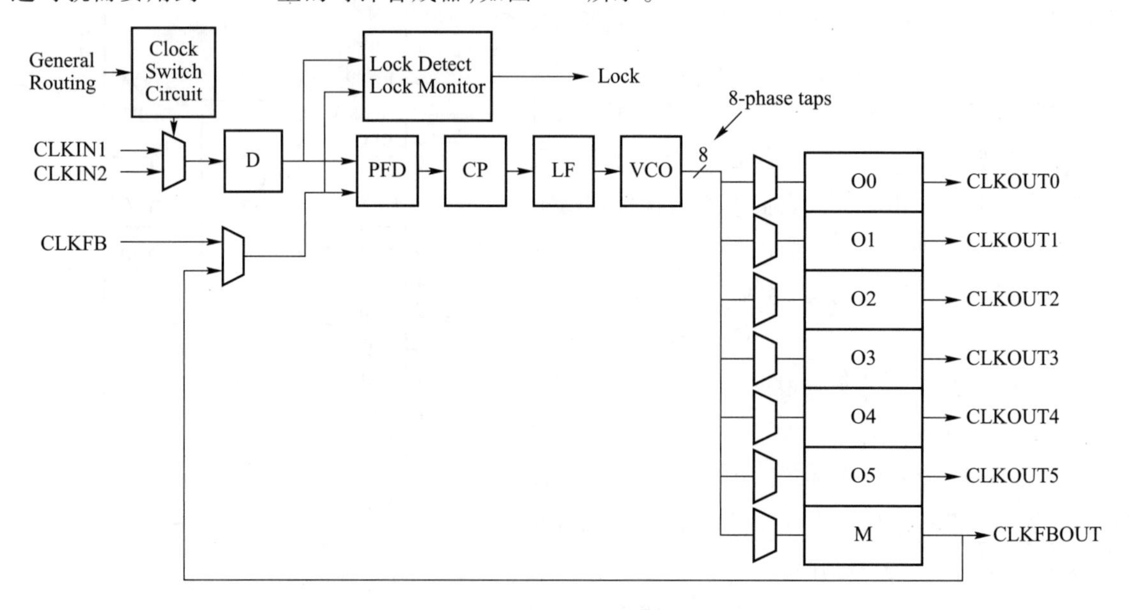

图 1.8　时钟合成器

Artix-7 系列 FPGA 中的时钟合成器有混合模式时钟管理器(MMCM)和锁相环(PLL)两种,它们功能类似,都可以对输入的时钟信号进行分频或倍频,从而得到用户需要的时钟。一个时钟合成器中可以设置多个分频比例,从而得到多个不同频率的时钟。MMCM 相比 PLL 功能更强大,还支持动态相移、分数型分频等功能。芯片中一个 MMCM 和一个 PLL 组成一个时钟管理单元(CMT),XC7A100 中共有 6 个 CMT,可以满足常见设计的需要。

当设计需要时钟合成器时,设计者可以在 Xilinx Vivado 工具的 IP Category 中打开 Clock Wizard 功能,填写输入时钟频率和所需的输出时钟频率,以及复位信号等,确认后即可生成一个 IP 核。随后在设计代码中例化生成的 IP,完成输入/输出信号的连接即可。

1.3.4 数字信号处理单元

考虑到 FPGA 常被用于数字信号处理领域,Xilinx 在芯片中增加了专用的数字信号处理单元,该单元内包含一个单周期硬件乘法器和一个加法器(也可以认为是累加器),从而帮助用户构建数字信号处理电路(如滤波器)。

Artix-7 系列中数字信号处理单元 DSP Slice 如图 1.9 所示,它支持的最大输出位宽为 48 位,因此也常被称为 DSP48。在计算机系统结构相关实验中,利用 DSP48 中的乘加器来实现 CPU 的乘法指令,可以在单周期内完成乘法运算。设计时既可以生成 DSP48 Macro IP 核来例化 DSP Slice,也可以直接在代码中写乘号,让综合器自动推导出 DSP Slice。

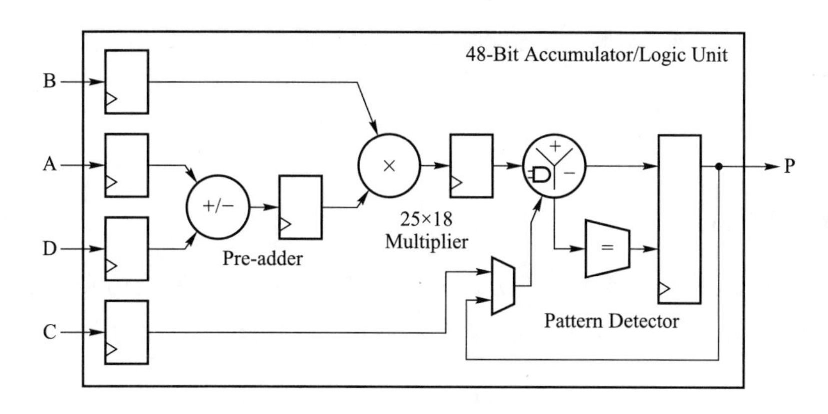

图 1.9 Artix-7 系列 DSP Slice 结构

1.3.5 可配置 I/O 单元

FPGA 芯片有很多和引脚,它们与外部电路元件(如内存、串口等)连接起来,构成一个完整的系统。除了供电以外的大部分 FPGA 引脚都是 I/O 口,它们与片内的互连线相连,其功能由用户自己定义。具体每个 I/O 引脚和片内的哪个信号相连,是由用户在引脚约束文件中给出的。

一个典型 I/O 口内部结构如图 1.10 所示,可见 I/O 口支持输入、输出信号,输出信号还受到 3 态门控制(可以使得引脚变为高阻态)。I/O 口的具体工作模式,是由 EDA 工具根据用户编写的逻辑代码中顶层信号的类型 input、output 和 inout 来自动选择的。除了图中画出的电路外,I/O 口还在内部支持上下拉电阻、片上端接、驱动电流设置以及各种电平标准的配置选项,这些选项需要在引脚约束文件中给出。

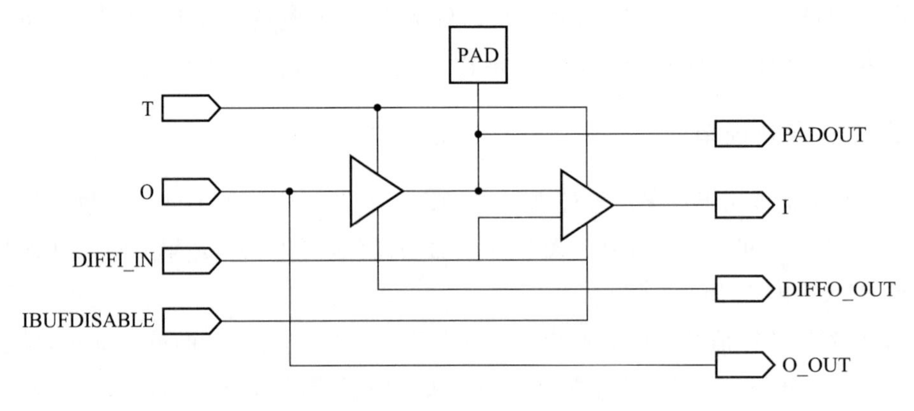

图 1.10　I/O 内部接口结构

本节简单介绍了 Xilinx 7 系列 FPGA 芯片中的资源以及相关实现原理,具体细节可以参阅相关手册。需要指出的是,读者可根据实验的需要,灵活选用芯片中的不同资源,设计出满足实验要求的系统。

1.4　板载存储芯片

存储器是计算机系统的重要组成部分之一,为满足实现计算机系统的实验需要,ThinPAD-Cloud 硬件实验平台提供了 SRAM 和 Flash 两类存储器,分别用作运行时的高速数据存储和断电后的持久数据存储。

1.4.1　SRAM

SRAM 即静态随机访问存储器,是一种广泛使用的存储器类型。由于它访问延迟低、速度快,并且容易与其他数字电路集成进一块芯片中,故常被用于实现片上的少量数据存储。现代计算机的 CPU 中,高速缓存(Cache)本质上就是 SRAM。其名称中的“静态”是指,写入数据后,不需要定期进行刷新操作就可以保持,这使得它相比于动态存储器更加易用,不需要复杂的内存控制器。然而 SRAM 也存在一些缺点,其存储原理决定了它存储密度较低,因而单块芯片的容量不能做得非常大。

ThinPAD-Cloud 为了降低存储器访问实验设计的难度,放弃了传统采用 DRAM 作为主存储芯片的设计,而采用了 SRAM 作为主存储器。板上共有 4 片 ISSI 公司生产的 IS61WV102416 型高速异步 SRAM 芯片。每片 SRAM 存储容量为 1 024 K×16 b,即 16 位宽,1M 深度,容量 2MB。板上总共有 8 MB 的 SRAM 存储空间。

SRAM 芯片对外主要有地址线、数据线和读写使能等控制信号线。除了数据线是输入、输出双向信号外,其余都是输入信号。实验平台设计时,将 4 片 SRAM 分为两组,一组内有两片。组内的两片 SRAM 地址和读写控制信号连接到一起,数据线分开,这样相当于把两片 SRAM 拼接成一个 32 位宽的 SRAM,以便实现 32 位的计算机系统实验。

两组 SRAM 信号线完全独立,可以同时分别读写不同的地址。在某些实验中,学生可以分别将两组 SRAM 用作不同的目的,例如一组存储指令、另一组存储数据。当然也可以在 FPGA 内部通过一些逻辑,让两组 SRAM 协同工作,变成一个 8 MB 的内存空间。

读写 SRAM 时需要在控制信号线上按照规定的时序给出信号,这些时序在芯片手册中有详细说明。后续章节还会有针对 SRAM 的实验介绍,包括 SRAM 和 FPGA 芯片的管脚连接,以及两组 SRAM 连接上的细微区别。

1.4.2 Flash

Flash 存储器常常被称为闪存,是目前主要的非易失性半导体存储器件。常见的 Flash 存储器有 NAND 和 NOR 两种结构。NAND 结构的 Flash 存储密度大,但不能以字节为粒度进行读写,同时还需要控制器进行坏块管理,使用起来较为复杂,常见于固态硬盘、U 盘等大容量存储设备中;NOR 结构的 Flash 存储密度较小,单芯片容量一般从数千字节(KB)到数十兆字节(MB)不等,读写操作较为容易,常见于嵌入式设备(如家用路由器)中,用于存储固件代码,如图 1.11 所示。

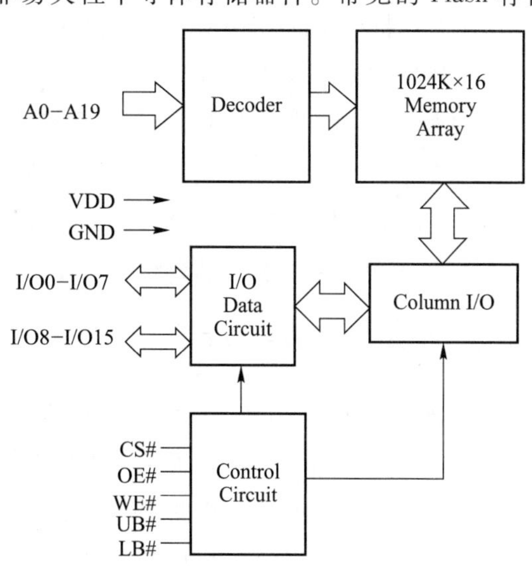

图 1.11 Flash 结构

实验平台上提供一片 8 MB 容量的 NOR Flash 作为非易失存储器,可用于存储实验的程序,比如监控程序等。在完成 CPU 设计实验过程中,需要反复修改硬件逻辑并进行测试,这个过程中软件程序是固定不变的。此时就可以把程序写到 Flash 里面，这样每次把 CPU 设计写入 FPGA 后，CPU 就可以直接从 Flash 加载并运行程序，节省了调试的时间。

Flash 的读取时序与 SRAM 相似，只是读取速度略慢，写入过程较为复杂，需要按照特定步骤发送命令和数据，还需要查询、等待 Flash 的状态，一般是软件、硬件配合完成。后续章节的 Flash 实验将进行专门介绍。实验平台也专门设计了 Flash 读写工具，方便快速将数据写入 Flash 中。

1.5 外部接口

输入/输出设备通过外部接口和计算机主机连接，为此，外部接口也是实现完整计算机系统必不可少的部件。实验平台根据教学要求，选择配置了串行接口、DVI 图像输出接口、以太网接口和 USB 接口供实验使用。

1.5.1 串行接口

异步串口是一种低速（每秒数百至数千字节）的通信接口，目前在个人计算机上已逐渐被淘汰。然而由于串口通信方式简单，容易硬件实现，目前大部分的嵌入式设备上仍然保留了串口。要实现基本的串口通信功能，硬件上只需要两根信号线，分别用于接收和发送数据。

ThinPAD-Cloud 实验平台上有两种可选的串口使用方式，一种是直连串口，另一种是外部串口控制器。两种方式可以在 ThinPAD-Cloud 实验平台控制面板中切换。使用直连串口（即图 1.2 所示系统框图中的 ExtUART）方式时，串口的接收、发送信号直接连到 FPGA 引脚上，实验者需要在 FPGA 中自己实现串口控制器。

当使用外部串口控制器时，串行化和解串行化逻辑在 FPGA 外部芯片中实现，FPGA 使用 8 位并行数据接口直接收发数据。串口控制器的控制信号独立，但数据信号与 BaseRAM 的数据线共享，实验者设计时需要考虑总线冲突问题。

后续章节将结合实验详细介绍串口控制器的使用方法。

1.5.2 DVI 图像输出接口

DVI 即数字视频接口，是一种以数字信号传输图像数据的接口标准，在 1999 年设计，目标是取代 VGA（video graphic array，视频图形阵列）等模拟信号的视频接口。以前在使用 VGA 接口时，计算机显卡会通过 DAC 将图像转为模拟信号输出，而模拟信号达到液晶显示器后，经过 ADC（digital-to-analog conversion，数模转换）转换回数字信号，再送到液晶面板演示。两次转换显得多余，并且引入了误差，不如直接传输数字信号。另一方面，采用数字信号传输图像时，信号不容易受到外界的电磁干扰，避免了图像上的噪声等问题。

单个 DVI 通道支持的最大图像格式为 1 920×1 200@60 Hz，红、绿、蓝 3 种颜色各 8 位时，可以计算通道上的数据速率为 3.7 Gbps，这是相当高的信号速率。为了保证信号完整性，DVI 标准规定线缆上采用 TMDS(transition-minimized differential signaling，最小转换差分信号)方式传输信号。该技术要求并行的图像数据通过移位寄存器转换成高速的串行信号，再通过一对差分信号线传输。最终在接口上呈现为 4 对信号线，分别是红绿蓝 3 种颜色的数据线和一对时钟线。

考虑到用 FPGA 直接产生 TMDS 较为复杂，ThinPAD-Cloud 实验平台选用了专用的并行信号到 TMDS 信号转换芯片，型号为 TFP410，放置于 DVI 插座和 FPGA 之间完成这一转换工作。实验者只需在 FPGA 上编程输出并行的图像数据、同步信号和时钟信号，经过芯片转换后即可输出标准的 TMDS，从而驱动显示器显示图像。同步信号和图像数据的时序关系将在后续章节中详细讨论。

由于 DVI 连接器的机械尺寸较大，出于节省空间的目的，实验板采用 HDMI 连接器替代了 DVI 连接器。HDMI 规范向下兼容 DVI 格式的信号，因此将实验板直接连接至 HDMI 显示器，或者通过转接线连接到 DVI 显示器，都是可以正常工作的。

1.5.3 100 M 以太网接口

网络是当今计算机必不可少的功能之一，ThinPAD-Cloud 实验平台提供了网络接口，通过它可以完成丰富的扩展实验。例如实现两块实验板之间互相发送消息，或者商用计算机和实验计算机互发消息等，为实验加入通信的元素，将单机实验扩展为多机实验。如果 CPU 的功能足够强，还可以移植 TCP/IP 协议栈，进而完成 HTTP 服务器、FTP 等网络协议的实验。

实验平台提供的网口是当今广泛使用的 100 M 快速以太网接口，同时向下兼容 10 M 以太网。与网口相连的网卡型号为 DM9000A，这是由 DAVICOM 公司生产的通用以太网卡芯片，常见于嵌入式设备中。该芯片集成了以太网 Phy 与 MAC(即物理层与介质访问控制器)，处理器可通过总线接口读写片上缓冲区，从而收发以太网帧。网卡芯片与 FPGA 为并行接口，包括 16 位数据信号和若干控制信号，接口时序与 Flash 类似。由于芯片在各类产品中使用广泛，U-Boot、Linux 等开源软件项目中均提供了芯片的驱动程序。实验者在实现网卡驱动时，可以参考这些项目中的驱动程序。

1.5.4 USB 接口

USB(universal serial bus，通用串行总线)是一种计算机上的外围通信接口标准。由于 USB 支持热插拔和即插即用技术，速度相对于早期的外设接口(如串口、PS/2 等)更高，在 1994 年诞生以后迅速普及，统一了原先计算机上的许多接口，成为目前计算机上常见的通用外设接口。经过多年发展，现在最新的接口标准为 USB3.2，传输速率可达 20 Gbps。其连接器的机械外形也从最早的 Type-A 发展为 Type-C，体积显著缩小。

为了使计算机实验尽量与现行的计算机技术接轨，ThinPAD-Cloud 实验平台也提供了一个 USB 接口，位于实验板左侧，是一个标准的 Type-A 接口。随着 USB 标准演进，USB 的协议也越来越复杂，为避免实验难度过高，实验平台设计时选择了较为早期的 1.1 版本的 USB。它的接口传输速率是 12 Mbps，完全可以满足键盘、鼠标等低速外设的需要。同时，由于较高版本的 USB 外设可以向下兼容，市面上的 U 盘、读卡器等设备同样可以兼容 ThinPAD-Cloud。这样，在 ThinPAD-Cloud 上可以完成 USB 键盘支持、U 盘读取和 USB 扩展串口等实验。

实验平台上使用的是赛普拉斯公司生产的 SL811HS 型 USB 控制器，该控制器符合 USB1.1 规范，支持主、从两种工作模式。它和处理器之间采用 8 位的并行接口，时序与 Flash 类似，可以非常方便地由 FPGA 逻辑控制。控制器还内置了 256 字节的缓冲区，以避免大量数据传输时，由于处理器读取数据不及时导致的数据丢失。在 U-Boot、Linux 等常见的嵌入式软件中，均内置了该芯片的驱动程序，该驱动程序可以作为实验的参考。

1.6 实验平台使用方法——本地模式

ThinPAD-Cloud 实验平台可以支持本地实验和远程网络实验两种实验模式，并获得基本相同的实验体验。本节介绍本地实验模式下，实验平台和计算机系统的连接方式，以及基本的实验方法和过程。

在本地实验模式下，由于 ThinPAD-Cloud 实验平台在 FPGA 实验电路的基础上外加了控制模块，该模块可以提供 USB 串口转换线、JTAG 适配器、Flash 编程器等常用开发工具的功能，从而使得实验板高度集成化。实验者只需要连接一根电源线和一根 Micro USB 线即可使用实验板的全部功能，避免了复杂的连线。

控制模块在 Micro USB 接口上虚拟了一张网卡和一个串口，并内建了一个网页服务器。在连接计算机后，实验者通过浏览器访问控制模块上的网页服务器，进入 ThinPAD-Cloud 控制面板页面，即可使用上传比特流、读写 Flash 等功能。当实验中需要用到串口时，实验者在计算机上打开虚拟的串口，并读写数据。控制模块将对串口数据进行双向转发，对于实验者而言，读写虚拟串口等同于跟串口控制器收发数据。

1.6.1 硬件连接

使用实验平台时，需要先连接一个 12V 的电源适配器，如图 1.12 所示，给实验平台供电，再使用一根 Micro USB 线,将实验板右侧的 USB 与计算机某个 USB 接口相连,用于传输数据。电源适配器和 USB 线每个实验平台上都配置了 1 套。

在电源接口附近有一个电源开关,点按可在开、关状态之间进行切换。如果供电正常,打开开关后,电源指示灯亮起。

图 1.12　本地实验硬件连接方式

1.6.2　驱动安装

加电后,实验平台上控制模块启动需要约 20 秒的时间,期间会进行硬件自检。正常启动完成后,计算机上会检测到虚拟网卡和串口,如图 1.13 所示。大部分操作系统自带了虚拟网卡的驱动,因此不用手工安装网卡驱动,而虚拟串口在较早的 Windows 系统上不能自动安装驱动,可能需要手工安装。

图 1.13　硬件平台加电自检后识别出网络和 USB 设备

在 Windows 操作系统上,打开网络适配器页面,可以看到一张 NDIS 网卡,该网卡即为实验板虚拟的网卡。正常情况下,网卡能够自动获取 192.168.8.x 的 IP 地址。

如果虚拟串口安装成功,在设备管理器中会发现一个 USB 串行设备,并能看到与之关联的 COM 编号,该 COM 编号将在读写串口的软件中使用。如果没有看到串口,或者驱动安装失败,请参考下一节,手工安装串口驱动。

如果计算机上的操作系统是 Linux,那么系统中会多出一个或两个虚拟网卡,网卡接口名称在不同发行版上可能不同。如果系统默认自动获取 IP,那么网卡获得 192.168.8.x 的 IP 地址;如果没有自动获取 IP 地址,请修改系统设置为自动获取(DHCP)。Linux 上的串口设备名为/dev/ttyACMx,其中 x 是顺序编号,如果只连接了一个串口设备时,则名称为/dev/ttyACM0。

使用 macOS 的用户,打开网络设置,可以发现名称为 Thinpad 的虚拟网卡,并且自动获得了 192.168.8.x 的 IP 地址,如图 1.14 所示。macOS 中串口名为/dev/cu.usbmodemX ,其中 X 为与接口相关的随机数字,可以在终端中运行"ls/dev/cu.usbmodem * "命令查看串口名称。

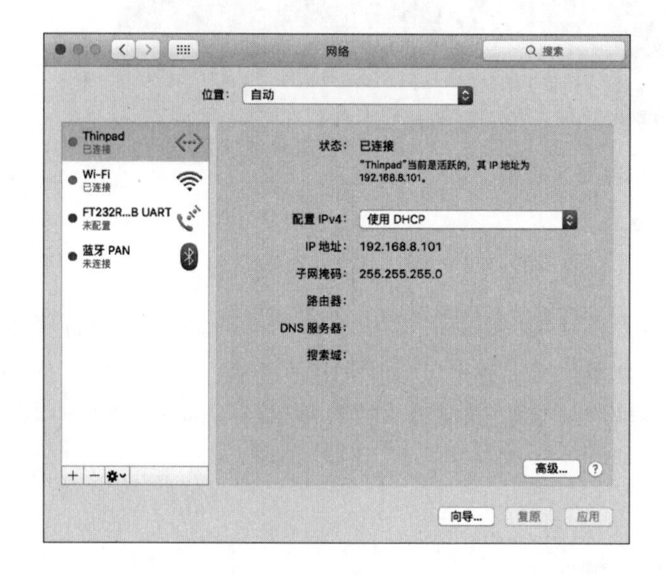

图 1.14 macOS 操作系统需要使用 DHCP 自动获取 IP 地址

1.6.3 通过 ThinPAD-Cloud 控制面板进行实验

如果虚拟网卡工作正常,打开浏览器访问 http://192.168.8.8/ 即可打开 ThinPAD-Cloud 控制面板,这是实验平台的主操作界面,如图 1.15 所示。

页面上主要有 3 个功能,包括比特流文件写入、串口参数设置和存储器(SRAM 和 Flash)读写。在上传设计文件功能中,实验者选择计算机上的比特流文件(通常位于 Vivado 编译结果文件夹中)后,页面上将显示编译时间和编译器版本等信息,确认选择无误后,单击"写入实验 FPGA"按钮,该比特流就被写入实验平台的 FPGA 中。

上传设计文件

选择文件 未选择任何文件

请选择.bit设计文件

写入实验FPGA

串口参数设置

串口选择

CPLD串口控制器

⚠开发板每次重启后需要重新选择

应用

将板上的 Micro USB 接口连接到电脑，可检测到一个虚拟串口。如果在Windows系统上不能自动识别，可尝试下载驱动文件，并用更新驱动程序向导安装。

Flash与RAM读写

存储选择 Flash 容量 8MB

起始地址 0x (Byte)

起始地址应当按16位对齐（即为偶数）

读取数据 0x 读取长度 (Byte) 读取

读取长度应当按16位对齐（即为偶数）

写入数据 选择文件 未选择任何文件 写入

写入长度为数据文件大小，按16位对齐（即为偶数）

图 1.15　本地实验模式下实验平台操作界面

串口参数设置功能,可供实验者选择使用哪一个串口。与 BaseRAM 共享数据总线的串口控制器被称作“CPLD 串口控制器”,与 FPGA 直连的串口信号称作“直连串口”。每次实验平台加电后,默认选择“CPLD 串口控制器”。具体的串口通信参数(如波特率)在串口调试助手或者监控程序 Term 中设置。

如果 Windows 系统上串口驱动没有自动安装成功,可以根据页面上的提示下载驱动文件,并在设备管理器中通过“更新驱动程序向导”安装串口驱动。

控制面板还提供了 Flash 和 RAM 的读写功能。该功能由控制模块通过板上电路直接对存储芯片进行读写,不存在通信瓶颈,读写速度接近存储器自身极限。

实验者在页面上选择需要读写的目标存储器(BaseRAM、ExtRAM 和 Flash),并进行读取和写入。读取时需要填写起始地址和读取长度;写入时需要填写起始地址,并选择待写入的数据文件,写入数据长度与文件大小相同。地址和长度数值都是十六进制,并且要求为偶数。

值得一提的是,使用 Flash 和 RAM 的读写功能时,为了避免信号电平冲突,实验平台 FPGA 中原有的逻辑将被清除。在完成存储器读写操作后,用户需要重新上传 FPGA 中的比特流,以继续实验过程。

1.7　实验平台使用方法——远程模式

ThinPAD-Cloud 实验平台支持远程实验功能,可以从系统管理员处得到服务器地址和账号、密码后，可以通过浏览器登录到远程实验平台，成功连接到一块远程实验板，并在板上完成实验。

1.7.1 设计文件上传

打开远程实验系统网站并登录后，网页上会列出可用的实验板及描述信息，根据需要选择实验板并上传设计文件，如图 1.16 所示。

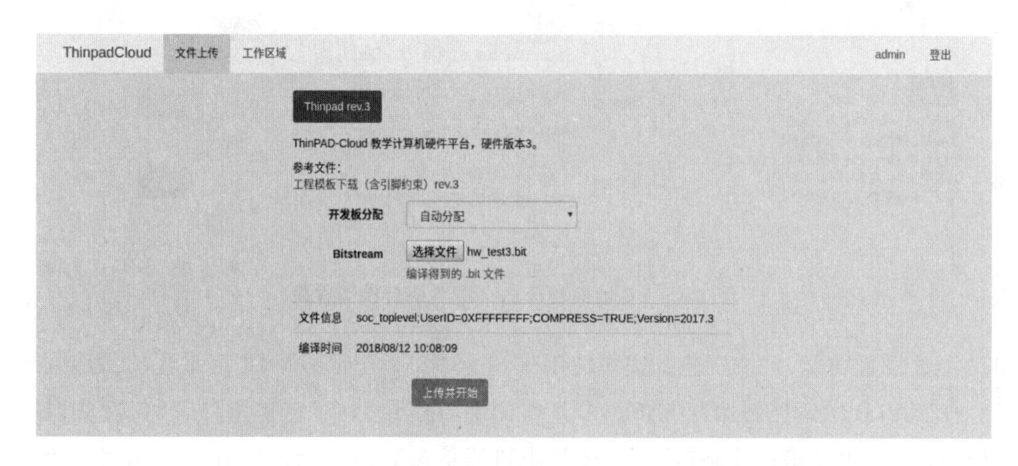

图 1.16　远程实验板选择和上传设计文件界面

这里的设计文件必须是 Vivado 工具生成的.bit 格式的比特流文件。如果选择文件格式正确，页面会显示文件信息，“上传并开始”按钮也会变为可单击的状态。文件信息中包含 Vivado 顶层模块名称和编译时间等，用户可据此判断是否选择了正确版本的文件。

单击“上传并开始”按钮，系统将分配实验板，并将设计文件写入实验板上的 FPGA。随后浏览器自动跳转到“工作区域”。

1.7.2 实验平台基本操作

进入“工作区域”后，可以看到一个接近真实实验板外观的操作界面，如图 1.17 所示。界面上的按钮和开关均可以单击，效果等同于直接操作真实的实验板。界面上的数码管和 LED 会显示为点亮和熄灭的效果，其状态与真实板上的显示一致。

操作界面左上方对应实验板 HDMI 连接器的位置，有一个按钮，单击后会弹出虚拟显示器窗口。在完成图像显示相关实验时，实验者可以使用该功能远程查看实验板输出的图像。

与本地实验类似，远程实验也需要通过串口和实验平台进行交互，在调试过程中更新设计文件，完成对存储器系统的读写操作。

1. 串口访问

操作界面的右侧是串口控制区域。顶部文本框显示平台从串口接收到的数据(即 FPGA 发送的数据),如图 1.18 所示。其下输入控件的功能如下。

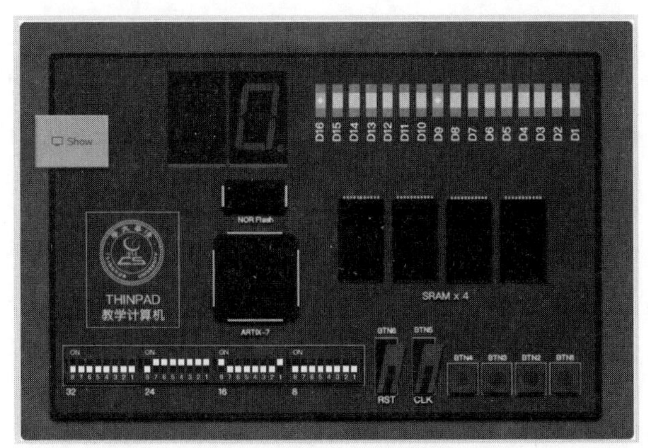

图 1.17　远程实验操作界面

图 1.18　串口参数设置界面

① 换行符:设置使用输入框发送数据时,是否在数据后自动添加换行符。

② 输入:待发送数据的输入框,用户输入文本数据,按回车键发送。

③ 位置:选择 CPLD 串口或直连串口。

④ 波特率:设置通信用的串口波特率。

⑤ 校验位:设置校验位为奇校验、偶校验或无校验位。

⑥ 数据位:设置数据位长度为 6、7、8 位,通常设为 8。

⑦ 停止位:设置停止位长度为 1 或者 2 位,通常设为 1。

上述串口参数需要根据实验者的设计或者实验要求来设置,且仅在串口关闭状态下可以更改。

输入控件下方是控制按钮。单击“打开串口”和“关闭串口”按钮可以打开、关闭串口。单击“发送”按钮可以将输入框的内容从串口发送出去,其效果与输入框中按回车一样。单击“终端模式”按钮后,程序将全屏显示串口输入/输出内容,并按照 UNIX 终端规范来解释特殊转义字符。进入终端模式后,鼠标单击左上角按钮即可退出。

2. 更新设计文件

在“工作区域”的更新设计文件面板上,可以替换当前运行的设计文件。文件格式要求和操作方法与首次上传设计文件时相同。更新界面如图 1.19 所示。

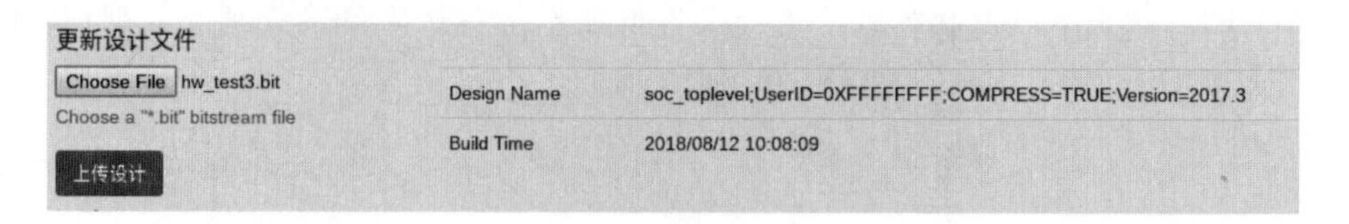

图 1.19　更新设计文件

3. 存储器读写

与本地实验板类似,远程实验平台也支持读写板上的 SRAM 和 Flash 存储器。其界面如图 1.20 所示。需要注意的是,读写 Flash 和 RAM 时,为了避免信号电平冲突,系统会清除实验 FPGA 中的用户设计,并在读写完成后自动重载。

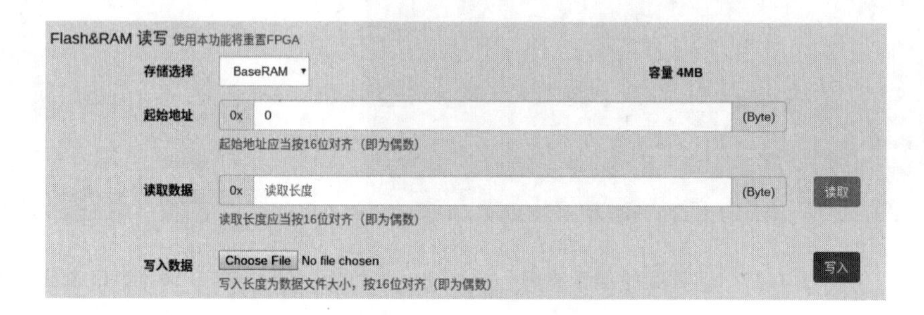

图 1.20　远程实验的存储器读写界面

4. SRAM 访问地址序列记录

与本地实验不同的是,远程实验平台增加了一个功能,能够记录程序运行过程中,对 SRAM 访问时的地址序列。这给实验者提供了一个十分实用的调试手段。该功能可以记录 FPGA 对 BaseSRAM 的读写操作,记录内容包括地址、数据及控制信号的波形。通过检查访存序列,实验者可以更直观地了解 SRAM 的操作方法,更容易地调试访存相关的 bug。

访存序列记录功能使用方法非常简单。在图 1.21 所示的界面中,设置需要设定记录访存的次数,然后单击“开始”按钮,系统就开始在后台记录访存了。此时实验者的 FPGA 设计如果按照时序要求读写了 BaseSRAM 芯片,读写的地址、数据等信息就会被记录下来。当记录数量达到设定值时,系统停止记录,并将结果显示在页面上。

实验者可在列表中浏览系统记录下的访存序列,单击每条记录右边的按钮,可以查看该访存的波形。在解决时序问题时,可以参考该波形上的时间标注。由于采样率的限制,时间标注的误差为 4 ns。

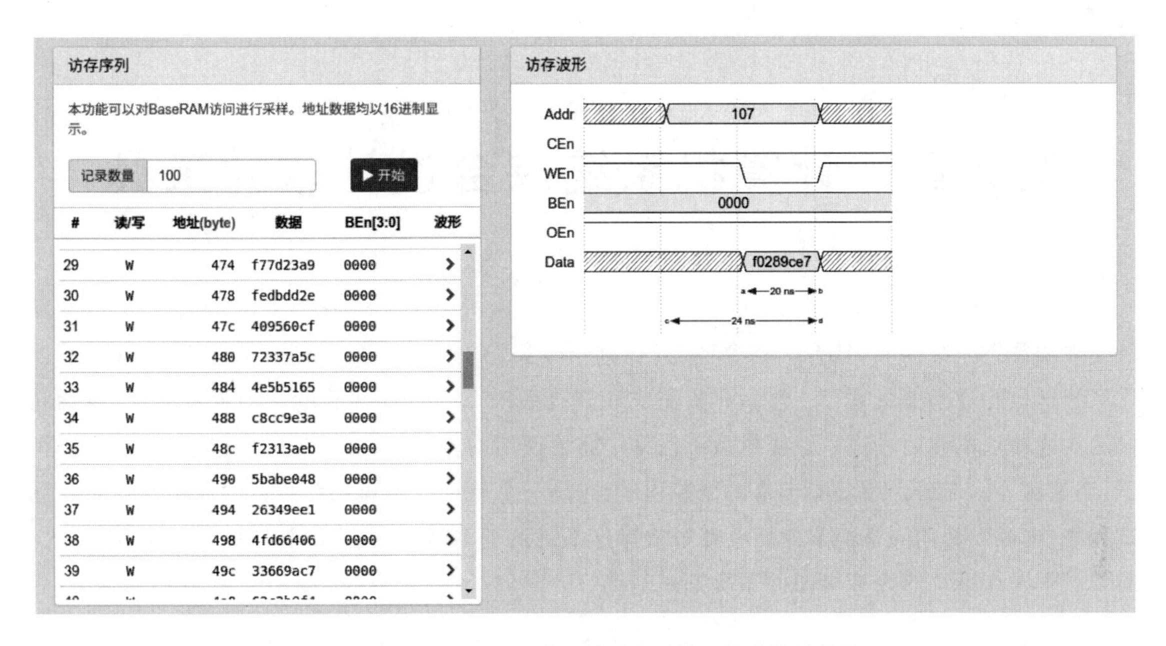

图 1.21　记录 SRAM 访问地址序列的设置和操作界面

第2章　计算机系统综合设计软件工具

本章首先介绍标准MIPS32指令系统（也称指令集）的一个子集，这个子集是能支持教学操作系统运行的最小指令集合。然后介绍完成计算机系统综合设计实验的一些工具软件，包括它们的功能和基本使用方法。计算机系统设计中需要使用的软件工具，至少应该包括编译器、模拟器、调试器等。最后介绍功能丰富的监控程序，它是一个验证计算机系统是否设计实现成功的测试程序，也可以帮助同学们掌握一些计算机操作系统的基本概念，并为同学们设计和实现能运行简单教学操作系统的计算机硬件系统打好基础。

2.1　指令系统

2.1.1　计算机系统综合实验指令集特点

MIPS32指令系统是典型的RISC指令系统，为指令的流水实现做了专门的设计和优化。MIPS指令系统的指令格式简单规整，寻址方式比较少，指令类型可以划分为寄存器型、立即数型和跳转型三类，实现起来比CISC简单，是大多数计算机组成原理课程教材所采用的指令系统。

尽管具有以上这些特点，但作为教学实验来说，MIPS32指令集还是显得十分庞大，全部在实验中实现既比较困难，也没有必要。从中选择部分指令作为实验计算机的指令系统，满足教学实验要求，就成为实验设计的首要任务。

计算机系统综合实验的目标是设计和实现一台能运行简单教学操作系统，或者监控程序的计算机系统。监控程序可以满足三个层次的教学需要。

① 监控程序仅具备基本的输入/输出功能，需要21条MIPS32指令即可实现。

② 监控程序在此基础上，增加了对中断机制的支持，除了前面的21条指令外，需要增加4条与中断相关的指令。

③ 监控程序在前面的功能上，增加了对虚拟存储管理TLB的支持，因此，需要在前述25条指令的基础上，再增加与TLB相关的4条指令，一共需要29条指令。

表 2.1 是不同层次监控程序所使用的 MIPS32 指令的集合。

表 2.1　不同版本监控程序所使用的指令集

类型	指令
监控程序基础版本	ADDIU, ADDU, AND, ANDI, BEQ, BGTZ, BNE, J, JAL, JR, LB, LUI, LW, OR, ORI, SB, SLL, SRL, SW, XOR, XORI
监控程序支持中断版本	上一行所有指令+ERET, MFC0, MTC0, SYSCALL
监控程序支持 TLB 版本	上一行所有指令+TLBP, TLBR, TLBWI, TLBWR

2.1.2　指令格式和指令功能说明

MIPS32 指令集的指令格式比较简单,可以划分为:R 型指令、I 型指令和 J 型指令三类。R 型指令是寄存器之间操作的指令,I 型指令是寄存器和立即数进行运算的指令,J 型指令是跳转指令。3 类指令的指令格式如图 2.1 所示。

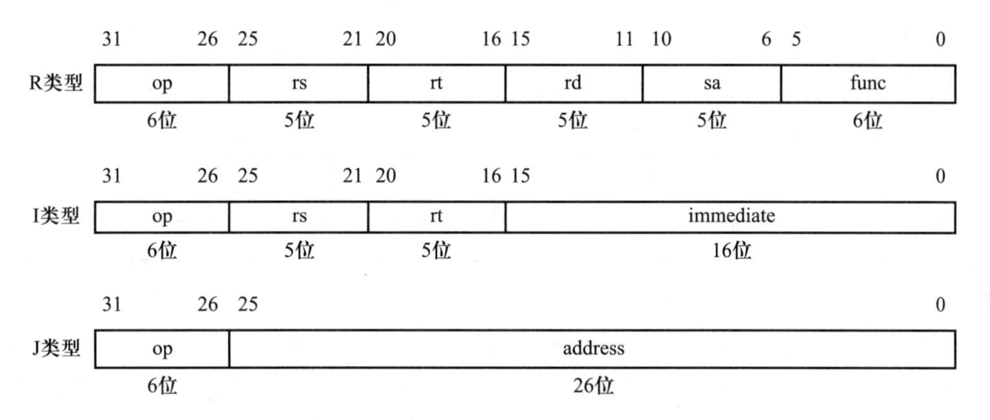

图 2.1　MIPS32 指令集的 3 类指令格式

下面介绍教学计算机所使用的指令集中每条指令的格式和功能。

1. ADDIU

指令格式:

31　　26	25　　21	20　　16	15　　0
ADDIU 001001	rs	rt	immediate
6	5	5	16

汇编语句	ADDIU rt, rs, immediate
指令功能	rt←rs+immediate

功能说明:将寄存器 rs 的值和 immediate(立即数)的值按照无符号的方式进行相加,并将结果值置于寄存器 rt 中。这个指令不会引发溢出异常,可以被认为是取模的运算。由于这里的 immediate 是 16 位的,而结果是 32 位的,在进行加法的时候把 immediate 进行符号扩展。

2. ADDU

指令格式:

31 26	25 21	20 16	15 11	10 6	5 0
SPECIAL 000000	rs	rt	rd	0 00000	ADDU 100001
6	5	5	5	5	6

汇编语句	ADDU rd,rs,rt
指令功能	rd←rs+rt

功能说明:将寄存器 rs 的值和寄存器 rt 的值按照无符号的方式进行相加,并将结果值置于寄存器 rd 中。这个指令不会引发溢出异常,可以被认为是取模的运算。

3. AND

指令格式:

31 26	25 21	20 16	15 11	10 6	5 0
SPECIAL 000000	rs	rt	rd	0 00000	AND 100100
6	5	5	5	5	6

汇编语句	AND rd,rs,rt
指令功能	rd←rs AND rt

功能说明:将寄存器 rs 的值和寄存器 rt 的值按照按位与的方式进行运算,并将结果值置于寄存器 rd 中。

4. ANDI

指令格式:

31 26	25 21	20 16	15 0
ANDI 001100	rs	rt	immediate
6	5	5	16

汇编语句	AND rt,rs,immediate
指令功能	rt←rs AND immediate

功能说明:将寄存器 rs 的值和 immediate 的值按照按位与的方式进行运算,并将结果值置于寄存器 rt 中。注意,这里对 immediate 进行的是 0 扩展。

5. BEQ

指令格式：

31–26	25–21	20–16	15–0
BEQ 000100	rs	rt	offset
6	5	5	16

汇编语句	BEQ rs,rt,offset
指令功能	分支指令。如果 rs 和 rt 的值是一样的，则 $PC \leftarrow PC + sign\_extend(offset \parallel 0^2)$，否则 PC 值维持不变

功能说明：这条指令是条件相对跳转指令，条件是寄存器 rs 的值和寄存器 rt 的值一样。在进行地址更新的时候，通过对立即数后面补两位 0，然后进行符号扩展去更新程序计数器。值得注意的是，如果在延迟槽中的指令是 ERET、DERET 或者 WAIT 指令，那么整个处理器的行为是不确定的。好在这里的基本指令集不包含这几条指令。另外，可以通过 BEQ r0,r0,offset 来达到无条件跳转的目的，在 MIPS32 指令系统中使用 B offset 可以替代。由于 offset 只有 16 位，加上额外的两位 0，总共的地址跳转范围为±128 KB。如果跳转超过这个范围，则需要通过寄存器进行寻址，或者通过 J 指令来实现。

6. BGTZ

指令格式：

31–26	25–21	20–16	15–0
BGTZ 000111	rs	0 00000	offset
6	5	5	16

汇编语句	BGTZ rs,offset
指令功能	分支指令。如果 rs>0，则进行相对跳转，$PC \leftarrow PC + sign\_extend(offset \parallel 0^2)$，否则 PC 值维持不变。

功能说明：这条指令是条件相对跳转指令，条件是寄存器 rs 大于 0。其他说明等同于 BEQ 指令。

7. BNE

指令格式：

31–26	25–21	20–16	15–0
BNE 000101	rs	rt	offset
6	5	5	16

汇编语句	BNE rs,rt,offset
指令功能	分支指令。对两个通用寄存器进行比较,如果不等,则进行相对跳转,PC←PC+sign_extend(offset ‖ 0^2),否则 PC 值维持不变。

功能说明:这条指令是条件相对跳转指令,条件是寄存器 rs ≠ rt。其他说明等同于 BEQ 指令。

8. J

指令格式:

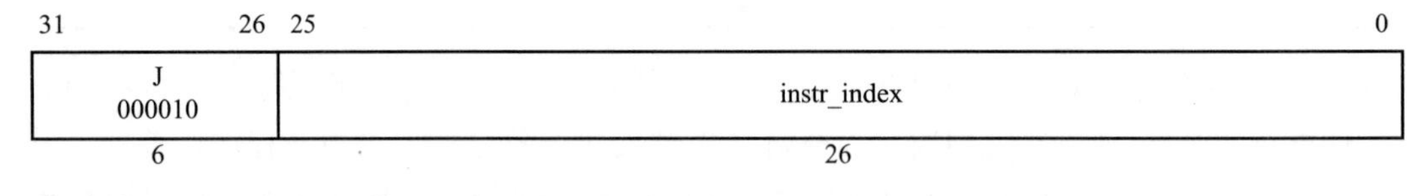

汇编语句	J target
指令功能	无条件跳转

功能说明:这条指令是无条件跳转指令。跳转指令的目标是当前指令所在的区域,范围为 256 MB。目标地址的第 28 位为指令码指定的地址右移 2 位之后获得的值。剩余的高位是在延迟槽中的指令的地址高位(不是 J 指令本身的地址)。无条件跳转指令在执行完成延迟槽中的指令之后,立即跳转到目标指令。如果延迟槽中的指令是条件跳转、跳转、ERET、DERET 和 WAIT 等指令,那么处理器的行为是未定的。

9. JAL

指令格式:

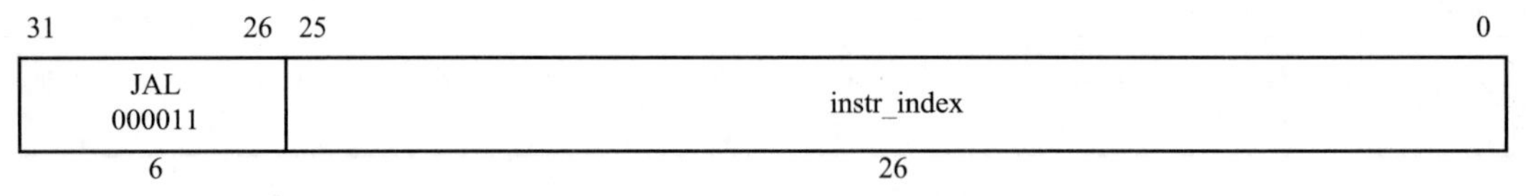

汇编语句	JAL target
指令功能	跳转和连接指令,实际上是为了进行函数调用所设定的

功能说明:这是一条跳转的指令,跳转时,将紧接着这条分支指令的第二条指令的地址放到通用寄存器 $31 中。这条指令的地址可以作为函数执行完成之后的返回地址。

跳转指令的目标是当前指令所在的区域,范围为 0-256 MB。目标地址的第 28 位为指令码指定的地址右移 2 位之后获得的值。剩余的高位是在延迟槽中的指令的地址高位(不是 J 指令本身的地址)。无条件跳转指令在执行完成延迟槽中的指令之后,立即跳转到目标指令。如果延迟槽中的指令是条件跳转、跳转、ERET、DERET 和 WAIT 等指令,那么处理器的行为是未定的。

10. JR

指令格式:

31–26	25–21	20–11	10–6	5–0
SPECIAL 000000	rs	0 00 0000 0000	hint	JR 001000
6	5	10	5	6

汇编语句	JR rs
指令功能	跳转到寄存器所指向的指令地址

功能说明:这是一条寄存器跳转指令。在执行完延迟槽中的指令后,程序跳转到寄存器 rs 指定的地址中。注意有效地址是对齐的,最后两位应该是 0。在不同的处理器模式下,最后两位不为 0 的情况会触发不同的异常。在设计实现 MIPS32 指令的时候,可以不必关心这一点,只需保证放在 rs 中的数值是对齐的即可。如果延迟槽中的指令是条件跳转、跳转、ERET、DERET 和 WAIT 等指令,那么处理器的行为是未定的。

11. LB

指令格式:

31–26	25–21	20–16	15–0
LB 100000	base	rt	offset
6	5	5	16

汇编语句	LB rt,offset(base)
指令功能	依据基地址与偏移量,从内存中装入一个字节,并作为有符号数放置到通用寄存器 rt 中

功能说明:这是一条装入字节的指令。装入的地址为指定的基地址加上偏移量。基地址放在寄存器 base 中。偏移量是将 offset 进行有符号扩展。

12. LUI

指令格式:

31–26	25–21	20–16	15–0
LUI 001111	0 00000	rt	immediate
6	5	5	16

汇编语句	LUI rt,immediate
指令功能	rt←immediate ‖ 0^{16}

功能说明:16 位的立即数 immediate 左移 16 位并拼接低位 16 个 0 后,存入寄存器 rt 中。

13. LW

指令格式:

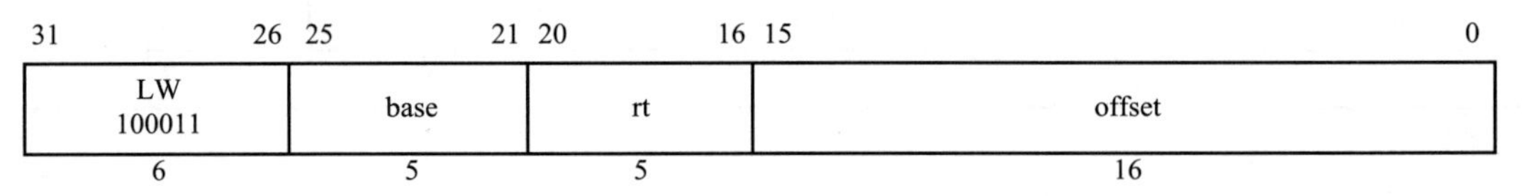

汇编语句	LW rt,offset(base)
指令功能	rt←memory[base+offset]

功能说明:这是一条装入 32 位字的指令。装入的地址为指定的基地址加上偏移量。基地址放在寄存器 base 中。偏移量是将 offset 进行有符号扩展。

14. OR

指令格式:

31 26	25 21	20 16	15 11	10 6	5 0
SPECIAL 000000	rs	rt	rd	0 00000	OR 100101
6	5	5	5	5	6

汇编语句	OR rd,rs,rt
指令功能	rd←rs or rt

功能说明:将寄存器 rs 的值和寄存器 rt 的值按位或进行运算,并将结果值置于寄存器 rd 中。

15. ORI

指令格式:

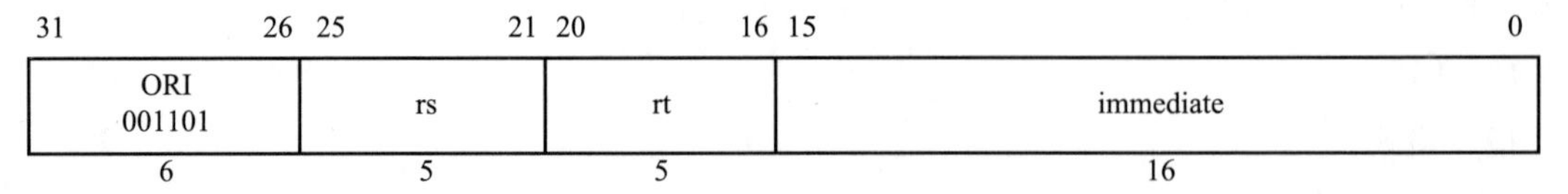

汇编语句	ORI rt,rs,immediate
指令功能	rt←rs or zero_extend(immediate)

功能说明:将寄存器 rs 的值和 immediate 的值按位或进行运算,并将结果值置于寄存器 rt

中。注意,这里对 immediate 进行的是 0 扩展。

16. SB

指令格式:

31 26	25 21	20 16	15 0
SB 101000	base	rt	offset
6	5	5	16

汇编语句	SB rt,offset(base)
指令功能	取出寄存器 rt 的低 8 位,依据基地址与偏移量,向内存中装入一个字节

功能说明:这是一条向内存存入字节的指令。存入的地址为指定的基地址加上偏移量。基地址放在寄存器 base 中。对 offset 进行有符号扩展。

17. SLL

指令格式:

31 26	25 21	20 16	15 11	10 6	5 0
SPECIAL 000000	0 00000	rt	rd	sa	SLL 000000
6	5	5	5	5	6

汇编语句	SLL rd,rt,sa
指令功能	rd←rt << sa

功能说明:将寄存器 rt 的值逻辑左移 sa 位,空位用 0 填充,结果存入寄存器 rd。这个指令不会引发溢出异常。

18. SRL

指令格式:

31 26	25 22	21	20 16	15 11	10 6	5 0
SPECIAL 000000	0000	R 0	rt	rd	sa	SRL 000010
6	4	1	5	5	5	6

汇编语句	SRL rd,rt,sa
指令功能	rd←rt >> sa

功能说明:将寄存器 rt 的值逻辑右移 sa 位,空位用 0 填充,结果存入寄存器 rd。这个指令不会引发溢出异常。

19. SW

指令格式:

31　　　26	25　　　21	20　　　16	15　　　0
SW 101011	base	rt	offset
6	5	5	16

汇编语句	SW rt,offset(base)
指令功能	取出寄存器 rt 的值,依据基地址与偏移量,向内存中存入一个 32 位字。

功能说明:这是一条向内存存入字的指令。存入的地址为指定的基地址加上偏移量。基地址放在寄存器 base 中。对 offset 进行有符号扩展。

20. XOR

指令格式:

31　　　26	25　　　21	20　　　16	15　　　11	10　　　6	5　　　0
SPECIAL 000000	rs	rt	rd	0 00000	XOR 100110
6	5	5	5	5	6

汇编语句	XOR rd,rs,rt
指令功能	rd←rs XOR rt

功能说明:将寄存器 rs 的值与寄存器 rt 的值按位异或进行运算,并将结果值置于寄存器 rd 中。

21. XORI

指令格式:

31　　　26	25　　　21	20　　　16	15　　　0
XORI 001110	rs	rt	immediate
6	5	5	16

汇编语句	XORI rt,rs,immediate
指令功能	rt←rs XOR immediate

功能说明:将寄存器 rs 的值和立即数 immediate 的值按位异或进行运算,并将结果值置于寄存器 rt 中。注意,这里对 immediate 进行的是 0 扩展。

为支持中断功能的实现,指令集中需要增加 ERET、MFC0、MTC0、SYSCALL 这 4 条指令,其格式及功能如下。

22. ERET

指令格式：

31 26	25	24 6	5 0
COP0 010000	CO 1	0 000 0000 0000 0000 0000	ERET 011000
6	1	19	6

汇编语句	ERET
指令功能	从中断、异常或者错误陷入中返回

功能说明：ERET 指令用于从异常处理函数中返回，其功能是进行一系列原子性的操作，包括把中断响应标志位打开（即置 SR(EXL)），并把处理器的优先级状态从内核 kernel 态转到用户 user 态，然后返回原来被中断的地址继续执行。

23. MFC0

指令格式：

31 26	25 21	20 16	15 11	10 3	2 0
COP0 010000	MF 00000	rt	rd	0 00000000	sel
6	5	5	5	8	3

汇编语句	MFC0 rt,rd MFC0 rt,rd,sel
指令功能	GPR[rt]←CPR[0,rd,sel]

功能说明：将协处理器 0 中的控制寄存器内容复制到通用寄存器。控制寄存器由 rd 以及 sel 确定，而目标通用寄存器由 rt 来确定。不是所有的处理器都支持 sel，在不支持 sel 的处理器上，sel 被设置为 0。

24. MTC0

指令格式：

31 26	25 21	20 16	15 11	10 3	2 0
COP0 010000	MT 00100	rt	rd	0 0000 000	sel
6	5	5	5	8	3

汇编语句	MTC0 rt,rd MTC0 rt,rd,sel
指令功能	CPR[0,rd,sel]←GPR[rt]

功能说明:将通用寄存器的内容复制到协处理器 0 中的控制寄存器。控制寄存器由 rd 以及 sel 确定,而目标通用寄存器由 rt 来确定。不是所有的处理器都支持 sel,在不支持 sel 的处理器上,sel 被设置为 0。

25. SYSCALL

指令格式:

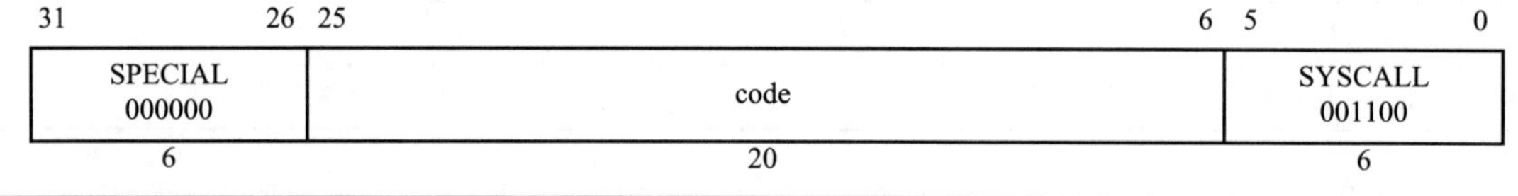

汇编语句	SYSCALL
指令功能	触发一个系统调用的异常

功能说明:这条指令触发一个系统调用的异常。一个系统调用异常发生,控制流立刻且无条件转到异常处理例程中。这里的 code 不被硬件使用,可以由软件自行选择如何使用。

如果还希望能支持虚拟存储管理,需要再增加 4 条 TLB 相关的指令,即 TLBP、TLBR、TLBWI 及 TLBWR,其格式及功能如下。

26. TLBP

指令格式:

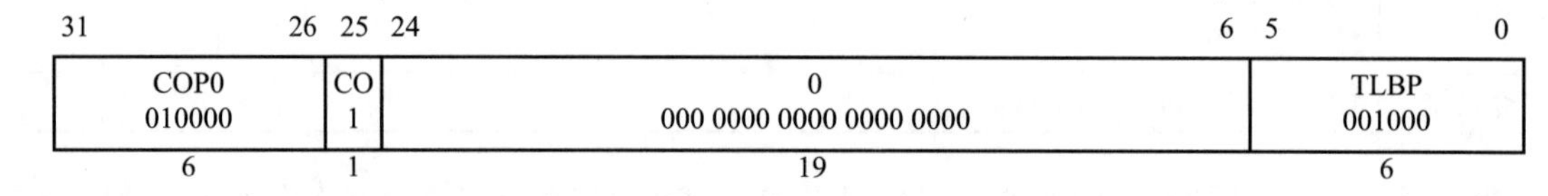

汇编语句	TLBP
指令功能	探测在 TLB 中匹配的表项

功能说明:在协处理器 CP0 的寄存器中设置一些值,然后探测 TLB 中的表项。参数放在 EntryHi 中,而结果放在 Index 寄存器里。可以探测与 EntryHi 匹配的 TLB 表项在 TLB 表中的位置。如果没有 TLB 表项被匹配上,那么 Index 寄存器中的最高位会被置 1。

27. TLBR

指令格式:

31–26	25	24–6	5–0
COP0 010000	CO 1	0 000 0000 0000 0000 0000	TLBR 000001
6	1	19	6

汇编语句	TLBR
指令功能	读取一个 TLB 表项

功能说明：在 CP0 的 Index 寄存器中给定需要读取的 TLB 表项索引后，指令将 TLB 对应表项的内容分别填入寄存器 EntryHi、EntryLo0、EntryLo1 以及 PageMask 中。如果对应的表项无效，则所有的寄存器会填入 0。

28. TLBWI

指令格式：

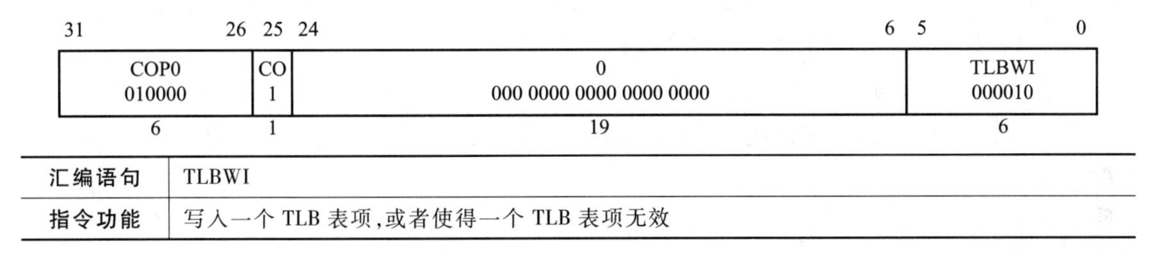

汇编语句	TLBWI
指令功能	写入一个 TLB 表项，或者使得一个 TLB 表项无效

功能说明：在 CP0 的 Index 寄存器中给定需要写入的 TLB 表项索引，指令将 CP0 寄存器中的 EntryHi、EntryLo0、EntryLo1 以及 PageMask 的内容填入对应的 TLB 表项。如果往 TLB 表项中写入两项匹配的映射（即同一个虚拟地址被映射两次），则会发生 Machine Check 异常。写入 V=0 的标志位，则会置对应的表项为无效。这样，这一个表项被忽略也不会产生 Machine Check 异常。

29. TLBWR

指令格式：

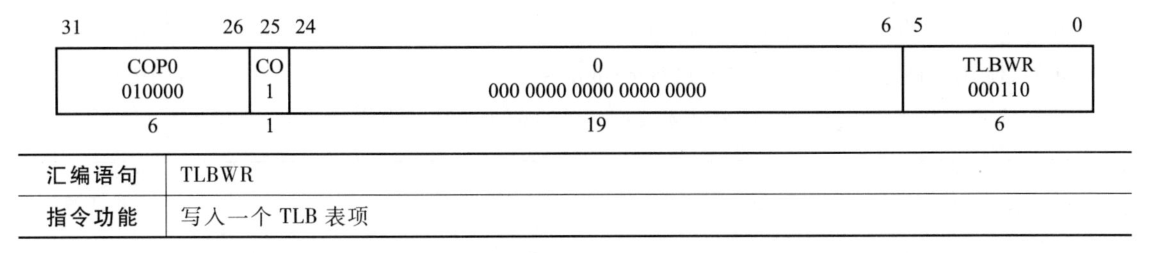

汇编语句	TLBWR
指令功能	写入一个 TLB 表项

功能说明：使用 CP0 的 Random 寄存器的值作为 TLB 的表项索引，本指令将 CP0 寄存器中的 EntryHi、EntryLo0、EntryLo1 以及 PageMask 的内容填入对应的 TLB 表项。如果往 TLB 表项中写入两项匹配的映射（即同一个虚拟地址被映射两次），则会发生 Machine Check 异常。

以上，是完成计算机系统综合设计实验，运行不同版本监控程序所需要的指令系统的最小集合。当然，如果希望自己设计的计算机系统有更多特色的功能，需要对指令系统进行扩展，可自行在指令集中增加所需要的指令，但这可能需要同时考虑编译器等其他软件的支持。

2.2 编译工具链

指令系统是计算机硬软件的接口。有了指令系统后，程序员就可以使用这些指令编写程序，硬件设计师则可以根据每条指令的规范来设计 CPU 和硬件系统来运行这些程序。这也是早期计算机系统设计的主要方式。然而，直接用指令系统中每条指令的机器代码编写程序实在是一件乏味的工作，代码质量也得不到保证。在实际工作时，可以利用已有的计算机系统和工具，或用汇编语言，甚至高级语言来编写程序，然后通过合适的编译工具，交叉编译生成上述指令系统的机器代码，提高软件编写工作的效率和质量。

支持 MIPS32 的编译工具有很多，这里介绍 GCC 编译器的使用方式。本书中给出的所有汇编代码也是根据 GCC 的汇编格式编写的，因此这些汇编代码以及后续章节中的 C 代码，均能用 GCC 编译。

2.2.1 GCC

GCC 是 GNU 编译器套件的简称，支持 C、C++、FORTRAN、Go 等多种编程语言，以及 x86、ARM、MIPS、AVR 等大量处理器架构，备受开源软件开发者青睐。许多著名的开源软件诸如 Linux、Apache 等都是由 GCC 编译的。

实验需要在 PC 上编译 MIPS 程序，但 PC 本身通常不是 MIPS 架构，因此不能直接用 PC 上的 GCC 编译 MIPS 程序，而要使用交叉编译器。交叉编译工具链既可以选择 Linux 发行版中提供的 GCC（如 Ubuntu 软件源中的 gcc-mipsel-linux-gnu），也可以选择由 MIPS Technologies 公司提供的 MTI Bare Metal Toolchain（程序名为 mips-mti-elf-gcc）。对于本书中的实验而言，两者除了命令名称不同外，使用方法上没有差别。这里以 gcc-mipsel-linux-gnu 举例，讲解 GCC 的使用方法。

首先编写一段汇编代码，保存为文本文件，文件名为 fib.s，内容如下：

```
.set noreorder
.set noat
.globl __start
.text
__start:
    ori $t0, $zero, 0x1   # t0 = 1
    ori $t1, $zero, 0x1   # t1 = 1
loop:
    addu $t2, $t0, $t1  # t2 = t0+t1
    ori $t0, $t1, 0x0   # t0 = t1
    ori $t1, $t2, 0x0   # t1 = t2
    b loop
    ori $zero, $zero, 0   # noop
```

该汇编代码中,开头几行以小数点开头的代码为编译指示代码,控制编译器的行为,通常不用去改动这些代码。其后的"__start:"标签标识程序的入口点,也就是程序开始运行的地方,相当于 C 语言中的 main 函数。之后就是用户编写的汇编代码。

对于这样一份代码,在命令行中输入如下命令编译,得到 elf 可执行文件。

```
mipsel-linux-gnu-gcc -x assembler-with-cpp -EL -nostdlib-nostdinc-static-g
-Ttext 0x80000000-o fib.elf fib.s
```

该命令调用了 GCC 工具,即 mipsel-linux-gnu-gcc,并给出了几个参数,这些参数的意义如下:

- -x assembler-with-cpp:在代码中允许使用 C 预处理器语法,例如"#ifdef"。
- -EL:目标机器的字节序是小端序。
- -nostdlib-nostdinc:不使用标准库函数。因为是编译裸机程序,无操作系统支持。
- -static:静态编译,生成的文件不依赖动态库。
- -g:生成调试符号,便于调试时从 elf 文件中获得信息。
- -Ttext 0x80000000:将. text section(即代码段)链接到 0x80000000 地址上,程序入口点就是 0x80000000。
- -o fib. elf:输出文件名为"fib. elf"。
- fib. s:输入源代码的文件名。

以上就是用 GCC 编译器编译 MIPS 汇编程序的方法,对于实验中用到的汇编代码,均可以使用该方法编译,得到 elf 可执行文件。然而 elf 是一个包含元数据和调试符号的文件,还不能直接被处理器执行。要从 elf 中提取二进制指令部分,用到的命令如下:

```
mipsel-linux-gnu-objcopy -j .text -O binary fib.elf fib.bin
```

最终得到的"fib. bin"文件里面就是二进制的机器码,可以直接被处理器执行。

这一步骤用到了 objcopy 工具,该工具属于 binutils 的一部分。下面将介绍 binutils,以及其包含的几个工具的使用方法。

2.2.2 GNU Binutils

GNU Binutils 是一套针对 *. elf 可执行文件和 *. o 目标文件的工具集,通常与 GCC 编译器配合使用。该工具集包含多个工具,下面介绍其中几个常用的工具。

1. objcopy

objcopy 用于从二进制程序文件中复制一段内容,一个常见的使用场景就是从 elf 可执行文件中复制某些section，并保存为二进制文件，例如上一节用到的命令就是把“.text”代码段复制到一个单独的文件里。

```
mipsel-linux-gnu-objcopy -j .text -O binary xxx.elf xxx.bin
```

其中用到的参数有：

- -j .text：指定需要复制的section，常见的有代码段“.text”、数据段“.data”等。
- -O binary：指定输出格式为二进制。
- xxx.elf：输入文件名，根据实际情况替换。
- xxx.bin：输出文件名，根据实际情况替换。

2. objdump

objdump是一个目标文件查看程序，是常用的反汇编工具，可以将一段机器码反编译成汇编指令，下面是一个使用示例。

```
mipsel-linux-gnu-objdump -b binary -m mips:isa32 --adjust-vma=0x80000000 -
D xxx.bin
```

其中几个参数意义如下：

- -b binary：输入文件格式为二进制机器码。
- -m mips:isa32：机器指令集为MIPS32。
- --adjust-vma=0x80000000：指定起始地址，如果不指定则从0地址开始。
- -D：反汇编。
- xxx.bin：输出文件名，根据实际情况替换。

该命令的输出类似下面的程序段，第一列为地址，第二列是十六进制显示的机器码，之后是反汇编后的汇编指令。

```
Disassembly of section .data:

80000000 <.data>:
80000000:01000834  li    t0,0x1
80000004:01000934  li    t1,0x1
80000008:21500901  addu  t2,t0,t1
8000000c:00002835  ori   t0,t1,0x0
80000010:00004935  ori   t1,t2,0x0
80000014:fcff0010  b     0x80000008
80000018:00000034  li    zero,0x0
8000001c:00000000  nop
```

3. readelf

readelf 工具的功能正如其名字,是从 elf 可执行文件中读取信息。它通过不同的参数可以读取多种信息。例如“-l”参数可以读取所有的程序头,显示它们的加载地址、长度以及映射 section 等信息,还会显示入口点的地址。

此外,readelf 还可以显示所有的 section 信息(使用参数“-S”),或者所有的符号(使用参数“-s”)等,读者可以自行尝试这些参数的效果。下面使用 readelf 工具来获得 fib. elf 文件内部信息,第 1 行为命令后面的输入,其余为 readelf 工具的输出。输出包括了文件类型、入口地址等信息,以及文件各个部分的信息。

```
mipsel-linux-gnu-readelf -l fib.elf

Elf file type is EXEC (Executable file)
Entry point 0x80000000
There are 3 program headers, starting at offset 52
Program Headers:
  Type          Offset   VirtAddr   PhysAddr   FileSiz MemSiz  Flg Align
  ABIFLAGS      0x000098 0x00400098 0x00400098 0x00018 0x00018 R 0x8
  LOAD          0x000000 0x00400000 0x00400000 0x000b0 0x000b0 R 0x10000
  LOAD          0x010000 0x80000000 0x80000000 0x0001c 0x0001c R E 0x10000

Section to Segment mapping:
  Segment Sections...
  00   .MIPS.abiflags
  01   .MIPS.abiflags
  02   .text
```

4. addr2line

addr2line 工具可以读取 elf 格式的文件,并从中找到某个地址所对应的指令在源代码中的位置。在下面这个例子中,addr2line 在 fib. elf 中搜索 0x80000004 地址对应的指令,找到其位于 fib. s 源文件中的第 8 行。

```
mipsel-linux-gnu-addr2line -e fib.elf 0x80000004
fib.s:8
```

需要说明的是,该工具依赖 elf 中的调试符号,只有编译时打开了调试符号选项,它才能正常工作。利用这个工具,在调试硬件时可以很容易把出错的地址对应到相应的源代码中,免去了人工在反汇编查找地址的麻烦。

2.3 模拟器 QEMU

在调试硬件的过程中，常常想要知道一段软件代码在 MIPS 处理器上面运行的正确结果是怎样，中间状态如何，从而与自己实现的处理器作对比，找出存在的问题。要达到这一点，首先需要有一颗“好”的处理器作为参考实现。如果直接拿商用 MIPS 处理器来作为参考，原则上虽然可行，但操作起来并不方便。因此实践中常常用 CPU 模拟软件来作为参考实现。

QEMU 是业界广泛使用的一种 CPU 模拟软件，它支持 MIPS、ARM、x86、SPARC 等多种处理器架构的模拟，具有较快的运行速度。一般编写的实验程序可以直接在 QEMU 上运行，配合 QEMU 的调试功能，还能单步执行并观察 CPU 寄存器状态等信息。

QEMU 工具可以直接在其官方网站下载，也可以从 Linux 发行版的软件源中安装。通常它会内置多个可执行文件，对应不同处理器架构的模拟。对于本书的实验，选择 qemu-system-mipsel，即 MIPS32 小端序处理器的模拟器。运行模拟器需要在命令行中输入如下命令：

```
qemu-system-mipsel -M mipssim -m 1M -nographic -monitor none -s -S -kernel
fib.elf
```

其中几个参数意义如下：

- -M mipssim：该参数决定了模拟的 MIPS 处理器的平台型号，通常不用更改。
- -m 1M：处理器可访问的内存容量是 1M 字节。
- -nographic：不启用图形功能支持。
- -monitor none：不启用控制窗口（支持插入虚拟光盘等功能，实验用不到）。
- -s-S：两个参数联合使用，表示启用调试功能，并等待调试器连接。
- -kernel fib.elf：要运行的程序，必须为 elf 格式文件。

运行该命令后，QEMU 会将 elf 文件中的指令加载到模拟器内存中，并将处理器的 PC 设定为 elf 中指定的入口地址。如果命令没有指定-S 参数，则开始执行程序指令，否则等待调试器连接后再开始执行。

如果在 QEMU 中运行的程序没有使用串口输出数据，那么程序开始执行后 QEMU 不会有任何的打印信息。虽然没有用户可见的信息，但程序确实是在模拟执行的。用户若要退出模拟器可以按下 Ctrl+C 组合键。

为了观察模拟器运行过程中内部的状态，或者控制程序的执行过程，需要用调试器连接到模拟器，下面介绍调试器的使用方法。

2.4 调试器 GDB

GDB 全称为 GNU Debugger，是一个功能强大的调试工具，支持 C、C++、Go 等编程语言和 x86、ARM、MIPS 等常见硬件架构。GDB 既可以用于高级语言的源码级调试，也能够完成底层的指令级调试任务。可以通过调试器设置断点、单步执行等功能控制程序的运行过程，并随时查看处理器寄存器状态、变量的数值以及内存中的内容，帮助了解程序的运行过程，发现和定位程序中的 bug。

GDB 不仅支持调试运行在本机上的程序，还可以调试在另一台机器上运行的程序。在本书的实验中，被调试的程序是在模拟器中运行的 MIPS 程序，因此属于后面一种情况。在这种模式下，GDB 分为 gdbserver 和客户端两部分。gdbserver 与被调试程序在同一机器上运行，而客户端在操作人员的机器上运行，两者通过网络进行通信。由于 QEMU 模拟器本身集成了 gdbserver，就不需要单独的 gdbserver，只要有客户端即可。

为了能够支持 MIPS 架构的程序调试，实验者机器上需要安装支持 MIPS 架构的 GDB 客户端程序。可以在 Linux 发行版中选择名为 gdb-multiarch 的软件包，它支持 MIPS 在内的多种处理器架构；Windows 用户可以使用 MTI Bare Metal Toolchain 中随 GCC 提供的 mips-mti-elf-gdb。它们除程序名称不同外，使用方法上没有差异。下面以 gdb-multiarch 举例。

前一节讲解了 QEMU 的启动方法。在 QEMU 启动后，其内置的 gdbserver 会启动，并监听在 TCP 端口 1234 上，等待 GDB 客户端连接。这时运行 GDB 程序。

```
gdb-multiarch -ex'target remote :1234' fib.elf
```

正常情况下将提示服务器连接成功，并进入 GDB 命令行，等待用户命令。这里的参数“-ex 'target remote :1234'”表示让 GDB 去连接 gdbserver，并给出了端口号；“fib. elf”为被调试的可执行文件，必须与 QEMU 运行的文件一致。

进入 GDB 命令行后，可以输入命令控制被调试程序运行。常见的命令如下：

- l：list 的简写，显示源代码。
- info reg：查看所有寄存器的值。
- p 变量名：查看变量的值，“变量名”也可以是寄存器名，如“ $t0”。
- s：step 的简写，源码级单步运行（步入函数调用）。
- n：next 的简写，源码级单步运行（不步入函数调用）。
- si：CPU 指令级单步运行（步入函数调用）。

- ni：CPU 指令级单步运行（不步入函数调用）。
- br 行号：在某一行设置断点。
- c：继续，持续运行程序，直到遇到断点。

值得注意的是，在 GDB 命令行中，如果不输入命令直接回车，将运行上一次输入的命令。该设计对于单步调试程序的场景非常方便。

2.5 汇编程序编译及调试举例

在了解计算机系统实验常用的软件工具后，接下来以 fib.s 为例，举例说明编译、运行、调试的全过程。

① 用 GCC 编译，使用的命令如下。说明：如果使用 MTI Bare Metal Toolchain，将 mipsel-linux-gnu 替换为 mips-mti-elf 即可。如果代码没有语法错误，编译器将正常退出，不会打印任何信息。

```
mipsel-linux-gnu-gcc-x assembler-with-cpp -EL -nostdlib-nostdinc -static -
g -Ttext 0x80000000 -o fib.elf fib.s
```

② 使用 QEMU 运行该程序，在命令行窗口中运行如下命令，QEMU 就开始运行了。

```
qemu-system-mipsel -M mipssim -m 1M -nographic -monitor none -s -S -kernel
fib.elf
```

③ 打开一个新的命令行窗口，启动 GDB 并连接到 QEMU，查看程序运行状态。在新的命令行窗口中运行如下命令。说明：如果使用 MTI Bare Metal Toolchain，将 gdb-multiarch 替换为 mips-mti-elf-gdb 即可。

```
gdb-multiarch -ex'target remote :1234' fib.elf
```

④ 进入 GDB 调试器界面，输入几条命令及其运行结果如下代码段所示。

```
The target is assumed to be little endian
Reading symbols from fib.elf...done.
Remote debugging using :1234
main () at fib.s:8
```

```
8    ori $t0, $zero, 0x1     # t0 =1
(gdb) p $t0
 $1 =0
(gdb) si
9    ori $t1, $zero, 0x1     # t1 =1
(gdb) p $t0
 $2 =1
(gdb) si
11   addu $t2, $t0, $t1      # t2 =t0+t1
(gdb)
12   ori $t0, $t1, 0x0       # t0 =t1
(gdb)
13   ori $t1, $t2, 0x0       # t1 =t2
(gdb)
14   b loop
(gdb)
11   addu $t2, $t0, $t1      # t2 =t0+t1
(gdb)
12   ori $t0, $t1, 0x0       # t0 =t1
(gdb)
13   ori $t1, $t2, 0x0       # t1 =t2
(gdb) p $t0
 $3 =2
(gdb) si
14   b loop
(gdb) p $t1
 $5 =3
(gdb) quit
A debugging session is active.

  Inferior 1 [Remote target] will be detached.

Quit anyway? (y or n) y
```

上述流程首先查看了寄存器 t0 的值(使用 p $t0 命令),结果为 0。然后用单步指令方式运行了几条指令(使用 si 命令)。每执行一条指令,GDB 将显示下一条被执行的指令在源代码中的行号和内容。注意:多次运行 si 时,只需要在第一次输入 si 命令,之后可以在命令处留空,GDB 默认执行和上次相同的命令。

单步运行多条指令后,再用 p 命令查看 t0 的值,可见随着程序的运行,寄存器的值已经改变。最后输入 quit 命令退出调试器。

GDB 退出后,QEMU 还会保持运行。打开运行 QEMU 的命令行窗口,按下 Ctrl+C 组合键即可终止 QEMU 程序。

2.6 监控程序

2.6.1 监控程序简介

ThinPAD-Cloud 实验系统配套提供了监控程序。它支持串口通信,汇编与反汇编,查看寄存器的值,读取内存以及运行用户程序等功能。监控程序一方面可以帮助学生理解并掌握 MIPS 指令系统及其软件开发,另一方面可以作为验证 CPU 功能正确性的标准。

监控程序分为 Kernel 和 Term 两个部分。其中 Kernel 使用 MIPS32 汇编语言编写,运行在 ThinPAD-Cloud 实验板上同学们自己实现的 CPU 中,用于管理硬件资源;Term 是上位机程序,使用 Python 语言编写,运行在 PC 上面。Term 有基于命令行的用户界面,可以与用户交互。在这种模式下,运行 Term 的 PC 模拟的是一个计算机终端,连接在 ThinPAD-Cloud 的主机上,起到用户界面的作用。

Kernel 和 Term 之间通过串口通信。用户在 Term 界面中输入的命令或代码经 Term 处理后,通过串口传输给板上的 Kernel 程序;反过来,Kernel 输出的信息也会通过串口传输到 Term,并展示给用户。

用户可以通过 Term 输入一段汇编代码(称为用户程序),代码经过汇编器翻译为二进制后传输到实验板上,并在 Kernel 的监控下执行。用户程序有专用的内存区域和寄存器,与 Kernel 自身隔离。用户程序执行完后,返回 Kernel。此时用户可以通过 Term 查看用户程序的寄存器和内存数据,以获得运行结果。

监控程序的 Term 支持如下 7 种命令:

- R:按照 $1 至 $30 的顺序返回用户程序寄存器值。
- D:显示从指定地址开始的一段内存区域中的数据。
- A:用户输入汇编指令,并放置到指定地址上。
- U:从指定地址读取一定长度的数据,并显示反汇编结果。
- G:执行指定地址的用户程序。
- T:查看指定的 TLB 条目。(本功能仅在启用 TLB 扩展时有效)
- Q:退出 Term。

在输入命令后,Term 会提示用户输入必要的参数。

2.6.2 使用方法

为了方便用户调试,监控程序的 Kernel 既可以在实验板上运行,也可以在 QEMU 模拟器中运行。下面分别介绍这两种使用方法。在设计和实现 CPU 的实验中,可以通过对照 QEMU 的运行结果,来帮助定位 CPU 设计实现时的错误。

进入监控程序的 Kernel 目录,运行命令"make sim"。Make 工具会根据 Makefile 中的配置,自动编译 Kernel 并调用模拟器 QEMU 来运行 Kernel。QEMU 启动后会监听在 TCP 的 6666 端口,并将该端口作为一个虚拟的串口。也就是说,任何程序连接本机的 6666 端口后,发送数据即被 QEMU 转发给 Kernel,在 Kernel 看来,就像是从串口收到数据一样。

接下来进入监控程序的 term 目录,运行"python term. py-t 127. 0. 0. 1:6666"命令,启动 Term 程序。如果 Term 打印"MONITOR for MIPS32 - initialized. ",则说明与 Kernel 通信成功。接着 Term 进入命令交互状态,等待用户命令。一个命令交互的例子如下代码段所示。

```
MONITOR for MIPS32 - initialized.
>> A
>>addr: 0x80100000
one instruction per line, empty line to end.
[0x80100000] addiu $2, $0,1
[0x80100004] addu $3, $2, $2
[0x80100008] jr $31
[0x8010000c] nop
[0x80100010]
>> U
>>addr: 0x80100000
>>num: 16
0x80100000: li v0,1
0x80100004: addu v1,v0,v0
0x80100008: jr ra
0x8010000c: nop
>> G
>>addr: 0x80100000

elapsed time: 0.000s
>> R
R1 (AT)     =0x00000000
R2 (v0)     = 0x00000001
R3 (v1)     = 0x00000002
R4 (a0)     = 0x00000000
R5 (a1)     = 0x00000000
R6 (a2)     = 0x00000000
...
```

这个例子输入了一段用户程序,并加载到 0x80100000 地址上。随后运行用户程序,并查看了运行结果(即寄存器的值)。值得注意的是,用户程序结束时必须以"jr ra"指令返回监控程序,如果 CPU 支持延迟槽,还应该在其后附加"nop"指令。

以上就是在模拟器中运行监控程序的过程,下面介绍如何在硬件实验板上运行监控程序。

首先进入 Kernel 目录，编译监控程序。编译用的命令为“make ON_FPGA = y”，其中“ON_FPGA = y”参数说明编译出来的 Kernel 是为在实验板 FPGA 上运行准备的，它与缺省值（ON_FPGA = n）的主要区别是简化了串口访问。QEMU 的串口较为复杂，需要更多的初始化步骤，而在实验板 FPGA 上实现的串口较为简单，不需要这些步骤。

编译成功后，文件夹下会出现 kernel. bin 文件，该文件就是 Kernel 的二进制码文件。将该文件通过 ThinPAD - Cloud 控制面板或者远程实验系统写入开发板的 RAM 中（具体是 BaseRAM 还是 ExtRAM 取决于 FPGA 设计），并在 FPGA 中加载 CPU 设计，Kernel 的加载过程就完成了。

接着在 Term 文件夹中运行“python term. py-s COM3”命令以启动 Term 程序，其中“COM3”为开发板的串口号，需根据实际情况填写，在 Linux 系统上可能为“/dev/ttyACM0”。在远程实验系统完成实验时，串口是通过 TCP 转发的，因此运行的命令为“python term. py-t 1. 2. 3. 4:5678”，其中“1. 2. 3. 4:5678”需改为网页上实际显示的地址。

Term 程序启动后，会等待 Kernel 发来的欢迎信息，此时按下实验板上的复位按钮，使 Kernel 程序启动运行。如果 Term 打印“MONITOR for MIPS32-initialized. ”，则说明与 Kernel 通信成功。之后的操作方法与在模拟器上运行 Kernel 时一致，这里不再赘述。

2. 6. 3 基础版本 Kernel 代码分析

Kernel 使用汇编语言编写，使用到的指令有 20 余条，均符合 MIPS32 Release2 规范。Kernel 提供了 3 种不同的版本，以适应不同层次需要的 CPU 实现。第一层为基础版本，只有基本的串口通信和命令执行功能，不依赖异常、中断、CP0 等处理器特性，适合于最简单的 CPU 实现；第二层支持中断，使用中断方式完成串口读写，需要处理器实现中断处理机制和相关的 CP0 处理器；第三层在第二层基础上进一步增加了 TLB 的应用，要求处理器支持基于 TLB 的内存映射，更加接近于操作系统对处理器的需求。

3 种版本的 Kernel 共享一份代码，利用预编译器，在编译时根据宏定义选择编译出哪种版本。这一特性在代码中表现为类似“#ifdef ENABLE_INT”和“#endif”的预编译指示符。

基础版本 Kernel 编译时“ENABLE_INT”和“ENABLE_TLB”均没有打开，实际使用了 21 条不同的指令（具体见 2. 1 节），CPU 必须根据 MIPS32 规范正确实现这些指令后，Kernel 程序才能正常工作。

监控程序使用了 8 MB 的内存空间，其中约 1 MB 由 Kernel 本身使用，剩下的空间留给用户程序。此外，为了支持串口通信，还设置了一个内存以外的地址区域，用于串口收发。具体内存地址的分配方法如表 2. 2 所示。

表 2.2　监控程序内存地址的分配方法

虚地址区间	说明
0x80000000-0x800FFFFF	Kernel 代码空间
0x80100000-0x803FFFFF	用户代码空间
0x80400000-0x807EFFFF	用户数据空间
0x807F0000-0x807FFFFF	Kernel 数据空间
0xBFD003F8-0xBFD003FD	串口数据及状态

其中串口数据和状态各占用一个 32 位地址,它们的位定义如表 2.3 所示。

表 2.3　串口寄存器位定义说明

地址	位	说明
0xBFD003F8(数据寄存器)	[7:0]	串口数据,读、写该地址分别表示串口接收、发送一个字节
0xBFD003FC(状态寄存器)	[0]	状态位,只读,为 1 时表示串口空闲,可发送数据
0xBFD003FC(状态寄存器)	[1]	状态位,只读,为 1 时表示串口收到数据

FPGA 中的 CPU 和串口控制器设计应该遵循 Kernel 的地址空间定义,否则监控程序的串口通信等功能无法正常工作。

Kernel 的入口地址为 0x80000000,对应汇编代码 kern/init.S 中的 START:标签。在完成必要的初始化流程后,Kernel 输出版本信息,随后进入 shell 线程(定义在 kern/shell.S 中),与用户交互。shell 线程会等待串口输入(串口访问的代码位于 kern/utils.S),执行输入的命令,并通过串口返回结果,如此往复运行。当收到启动用户程序的命令后,用户线程代替 shell 线程的活动。用户程序的寄存器,保存在从 0x807F0000 到 0x807F0077 的连续 120 字节中,依次对应 $1 到 $30 用户寄存器,每次启动用户程序时,从上述地址装载寄存器值,用户程序运行结束后保存到上述地址。

2.6.4　中断扩展代码分析

作为扩展功能之一,Kernel 支持中断方式的串口通信,同时增加了系统调用(syscall)功能。如果要启用中断扩展,则编译时需要附加“EN_INT=y”参数,例如:

```
make ON_FPGA=y EN_INT=y
```

这样代码编译时即可增加宏定义 ENABLE_INT,从而使能中断相关的代码。

为支持中断,CPU 要额外实现 ERET、MFC0、MTC0 和 SYSCALL 4 条指令。这些指令功能的实现依赖于 CP0 寄存器,因此,至少要实现 CP0 寄存器中的如下 4 个字段。

- Status：IM4，EXL，IE
- Ebase：ExceptionBase
- Cause：BD，IP4，ExcCode
- EPC

CP0 寄存器字段功能定义参见 MIPS32 特权态规范。

Kernel 中异常、中断的入口地址是 0x80001180，入口处的代码根据异常号跳转至相应的异常处理程序。

① 串口硬件中断：中断号为 IP4，作用是唤醒 shell 线程。为此，shell 和用户线程运行时屏蔽串口硬件中断，而在 idle 线程中打开中断。

② 系统调用异常：对于 wait 调用，CPU 控制权转交 idle 线程；对于 putc 调用，通过串口输出一个字节的数据。

当发生不能处理的中断时，表示出现严重错误，终止当前任务，自行重启。并且发送错误信号 0x80 提醒 Term。

Kernel 中的异常帧保存 29 个通用寄存器（k0，k1 不保存）及 STATUS、CAUSE 和 EPC 3 个相关寄存器，共 128 字节，禁止发生嵌套异常。

Kernel 初始化过程中设置 CP0_STATUS（ERL）= 0，CP0_STATUS（BEV）= 0，CP0_CAUSE（IV）= 0，EBase = 0x80001000，使用正常中断模式，并使 eret 以 EPC 寄存器值为地址跳转。

在启用中断扩展后，用户程序可以从串口打印字符。打印字符的 putc 系统调用号为 30。编写用户程序时，用户把调用号保存在 v0 寄存器，待打印字符保存在 a0 寄存器，并执行 syscall 指令，a0 寄存器的低 8 位将作为字符打印。

由于 QEMU 完整实现了 MIPS32 规范，因此中断扩展版本也可在 QEMU 中模拟运行。

2.6.5 TLB 扩展代码分析

在支持异常处理的基础上，可以进一步使能 TLB 支持，从而实现用户态地址映射。如果要启用这一功能，则编译时增加“EN_TLB = y”参数，例如：

```
make ON_FPGA=y EN_INT=y EN_TLB=y
```

CPU 要额外实现 TLBP、TLBR、TLBWI 和 TLBWR 4 条指令。这 4 条指令功能的实现也依赖于 CP0 寄存器，至少要实现 CP0 寄存器中的如下 7 个字段。

- Context
- Config1：MMUSize
- Index

- Entryhi：VPN2
- Entrylo0/1：PFN，D，V
- Wired
- Random

另外也要实现 TLB 相关的 TLB Refill 和 TLB Invalid 异常。其中 Refill 异常的入口地址为 0x80001000，与其他异常的入口地址不同。

为了简化，监控程序中设置的 TLB 实际是线性映射。也就是说，将物理地址 0x00100000-0x003FFFFF 放在 kuseg 地址最低端；将 0x00400000-0x007EFFFF 放在 kuseg 的地址最高端。计算可知 4 MB 的地址映射在 kseg2 的页表里只需 8 KB 的页表，因此在 kern/init.S 文件开头保留了 8 KB 空间给页表。Kernel 设 CP0 的 Wired 寄存器为 2，TLB 最低两项存页表自身(kseg2)的地址翻译。此外，Kernel 设置 TLB 时统一置 D 位为 1，避免 CPU 产生 TLB Modified 异常。

初始化时，Kernel 从 Config1 获得 TLB 大小，初始化 TLB。设置 Context 的 PTEBase 为页表基址，并填写页表。PageMask 寄存器设为 0，即固定为 4 KB 页大小，因此 CPU 可以不实现 PageMask，而直接按 4 KB 划分页。

在一般异常处理中，需要处理 TLB Invalid 异常。当用户程序访问无法映射的地址时，Kernel 向串口发送错误信号 0x80，并重启。因为正常访问 kseg2 不会引发 TLB 异常，所以 TLB Invalid 和 TLB Modified 都是严重错误，需要发送错误信号并重启。

在启用 TLB 扩展后，编写汇编代码时，应该使用地址 0x00000000-0x002FFFFF 作为用户程序代码区域，0x7FC10000-0x7FFFFFFF 作为用户程序数据区域。在运行完用户程序后，可以在 Term 中用 T 命令查看当前 TLB 状态。

由于 QEMU 完整实现了 MIPS32 规范，因此 TLB 扩展版本也可在 QEMU 中模拟运行。

第3章　Verilog HDL 硬件描述语言

3.1　概述

硬件描述语言是用来描述硬件各个组成模块以及它们之间关系的语言。当前广泛使用的硬件描述语言包括 VHDL 以及 Verilog HDL。相对来说,Verilog HDL 在实际的生产实践中使用得更多。在本书中,就使用 Verilog HDL 语言来描述各个实验的设计。由于 Verilog HDL 语言有很多语法借鉴了 C 语言,因此相对来说学习 Verilog HDL 硬件描述语言是非常容易的。

在没有硬件描述语言之前,设计硬件往往使用绘制电路图的方式。实际上,电路图方式仍然是非常重要的设计硬件电路的方法,特别是在设计硬件电路板,将多个芯片进行组合的时候。在实验课程中,绘制硬件电路图也是非常重要的。例如,在设计处理器的过程中,设计其内部的硬件电路图,对于编写硬件程序起到了非常重要的作用。所以,在实现处理器的过程中,建议先使用图形化的方式来构建处理器的各个模块以及它们之间的连接关系,之后再通过硬件描述语言进行描述,会起到降低难度,易于理解的效果。

随着电子技术的发展以及大规模集成电路的规模与复杂程度的不断扩大,图形化的描述受到了极大的限制,已经跟不上所需要设计硬件的复杂度。在这种情况下,硬件描述语言应运而生,用以描述硬件的各个组成模块以及它们之间的连接关系。硬件描述语言可以被认为是与电路的图形化描述等价的描述,在当前的硬件设计领域占主导地位。相对于图形化的电路设计方法,硬件描述语言具有以下的特点与优势。

① 硬件描述语言的抽象程度高,方便进行精确的描述。

② 可以应对不同层次的设计,方便进行自底向上和自顶向下的硬件设计。

③ 易于修改。

④ 适合更大规模硬件的设计,模块化的方法使得各个部分可以协同工作。

⑤ 匹配硬件描述语言的设计工具和文档非常丰富。

⑥ 硬件描述语言本身就是对于硬件最好的说明文档。

大部分的硬件描述语言的历史都不长。Verilog HDL 语言与 VHDL 语言几乎是同时代产生的。对于 Verilog HDL 来说,其历史可以追溯到 1983 年,它是 Gateway Design Automation 公司为其模拟器开发的硬件建模语言,是一种专用语言,在模拟、仿真器产品中广泛使用。因其使用方便且实用,逐渐被广大的设计者所接受。在普及过程中,此语言被推向了公众领域。从 1992 年开始,OVI(Open Verilog International)开始致力于推广 Verilog OVI 标准成为 IEEE 的正式标准。1995 年,Verilog HDL 语言成为 IEEE 的标准,即 IEEE 1364-1995。Verilog HDL 语言的标准是不断变化的。2001 年,OVI 又向 IEEE 提交了一个改进的版本。这一个扩展版本成了 IEEE 1364-2001 标准,也被称为 Verilog 2001 或 Verilog HDL 2.0。Verilog 2001 是 Verilog 1995 的增补版本,现在几乎所有的工具都支持 Verilog 2001。

相对于其他的硬件编程语言,Verilog HDL 的学习曲线还算是非常平缓的。有一定的编程基础,特别是有 C 语言的编程经验,学习 Verilog HDL 会比较容易。概括来说,Verilog HDL 编程语言有以下特点。

(1) 语法简洁,学习和使用都比较方便

在 Verilog HDL 中设置了诸如条件语句、赋值语句和循环语句等相关的语言功能,这与高级编程语言类似。但是,这种相似性也是一把双刃剑,有可能引起混淆,在学习的时候需要特别注意这两者之间的区别。另外,Verilog HDL 适合于多种风格的编程方式,并且也可以将多种风格的编程方式进行混合。

(2) 功能强大,适应于各个层面的电路设计

在语言的内部,Verilog HDL 构建了各种基本的逻辑门,如**与**门、**或**门、**与非**门等。也内置了各种开关级元件,如 pmos、nmos 和 cmos 等,可以进行开关级的建模。可以通过数据流的描述方式,也可以进行门级的描述方式进行电路建模。这样,从开关级、门级、寄存器传输级(RTL)到行为级,都可以使用 Verilog HDL 进行建模。同时,Verilog HDL 对于设计的规模也没有任何限制。

(3) 支持丰富,兼容性强

Verilog HDL 是一种标准的建模语言并且应用广泛,得到很多软硬件平台的支持,可供使用者的选项非常多,不局限于某一个特定的平台。即建模的时候不局限于器件本身的设计,也不局限于某一个特定的生产厂商,所涉及的模型具有广泛的兼容性。

(4) 易于复用,方便使用内建的元件

Verilog HDL 可以使用模块化的方式复用已有的元件,既可以复用现有库的元件,也可以复用开发者自己开发的模块。在使用模块的时候也非常方便,直接使用即可,不需要像 VHDL 一样进行预先的声明。

(5) 机制灵活,易于扩展

在 Verilog HDL 中也内建了用户定义原语这样的功能,并提供了这种扩展的构造方法。用户

可以自定义组合逻辑,或者自定义时序逻辑。另外,开发者也可以通过编程语言的接口机制来进一步扩展 Verilog HDL 的描述能力。这对于扩展 Verilog HDL 语言本身以及方便用户使用都非常有意义。

本书的 Verilog HDL 部分将简单介绍硬件描述语言的基本语法,并通过实例化的方式来说明各个语法单元的作用以及基本的硬件设计方法。如果读者希望能够进行深入的学习,在市面上以及网络中都有丰富的资料可供选择。本书的内容将给出 Verilog HDL 的概况,对进一步深入的阅读能有所启发。

3.2 程序结构

在描述语言语法结构之前,可以通过一个具体的例子来看一下 Verilog HDL 程序的基本组成。下面是一个最简单的**与**门电路,用以将输入的信号做与操作,然后输出。

例 3.1 一个 2 输入的**与**门的逻辑描述。

```
module and2x(a,b,r);
    input a,b;
    output r;
    wire a,b,r;
    assign r=a & b;
endmodule
```

这个**与**门电路的程序非常简明,突出了使用 Verilog HDL 进行电路描述的基本精髓。可以想象得出来,程序最终会被转换为一个**与**门电路,在电路的物理实现上,只需要一个组合数字电路中的**与**门逻辑就可以实现上述程序所需要的功能。下面看一下这个程序所能够体现出来的 Verilog HDL 程序的语言元素。

首先是 Verilog HDL 的程序由模块来构造而成,这也是硬件开发者的基本思考单元。这样,开发者可以逐个模块构建硬件,并通过多层次的连线,将小模块连接成大模块,最终构造出目标硬件。每一个模块的内容都包含在 module 和 endmodule 之间。

与软件程序一样,编写硬件模块的时候也需要定义输入/输出。因为模块基本上就是定义输出是如何随着输入的变化而变化的。在上述的模块定义中,输入为端口 a 和 b,输出为端口 r,类型即 wire 信号类型,表示 1 位的数据。模块即定义 r 如何随着 a 和 b 的变化而变化。模块的主体部分即功能定义,这里的输出端口 r 的值为 a 和 b 的与操作。

在程序的书写风格上,Verilog HDL 是相对自由的,并不需要特别地遵循固定的格式。这一点与 C 语言非常像,方便了设计人员。除了 endmodule 等几个少数的语句之外,每一个语句都需要以分号“;”作为结尾。注释与 C 和 C++是一样,使用“/ * * /”进行单行或者多行的注释,或者使用“//”进行单行的注释。

总结来看,以下几个元素是在 Verilog HDL 语言中最基本的组成部分。

(1) 模块的声明和结束,模块以 module 开始,以 endmodule 结束,格式如下:

```
module 模块名称(端口 1,端口 2,端口 3,……);
endmodule
```

模块名称可以为符合要求的标识符。

(2) 端口的定义

对于模块的每一个端口都需要定义其类型是输入端口(input)或输出端口(output),还是双向端口(inout)。还需要定义端口的信号类型。输入和双向端口不能被定义为寄存器(reg)类型。

(3) 信号类型的声明

在本书中,信号类型声明只使用了两类,即寄存器类型 reg 和连线类型 wire。在 Verilog HDL 中,定义的各种信号的类型实际上都对应着具体电路中的各种电路连接以及电路实体。如果没有任何声明,默认类型就是连线类型 wire。为了书写方便,Verilog HDL 允许将定义和类型说明一起放置在模块声明的端口列表中。例如,上述例子的类型声明可以使用下面的形式:

```
input wire a,b;
output wire r;
```

或者直接放到端口列表中:

```
module and2x(input wire a,b,output wire r);
```

因为 wire 是默认的,这里所有的 wire 都可以省略。

(4) 模块的功能定义

这部分是编写模块最为主要的部分,可以有多种方法来完成。上述的例子给出了一个最基本的方法,即通过 assign 语句来进行持续的赋值。这个语句通常被用来进行组合逻辑的设计,在描述上也很明显,即持续对输入进行响应。当然,在实际的工作过程中,上述的逻辑还需要考虑一定的延迟,所有的电路都会有一定的延迟。延迟在编写程序的时候体现不出来,但是在综合出电路的时候会有很大的影响,功能的相同低延迟的电路会获得更高的性能。编写一个低延迟且高效的电路需要长期的经验积累。

3.3 语言元素

Verilog HDL 有丰富的语言元素,本节对其中的比较重要的部分展开讨论。当然,学习完这些内容就能足够做一些比较大型的硬件设计了。

3.3.1 Verilog HDL 的语言元素

Verilog HDL 的语言元素包括空白字符、注释、操作符、数字、字符串、标识符以及关键字等。其中比较重要的是操作符、数字、标识符以及关键字等。这几个语言元素直接决定了最后“综合”出来的电路的功能。“综合”类比于高级语言编译为机器语言并最终可以在物理硬件上执行。“综合”的含义就是将硬件描述语言的功能翻译为能够直接实现的电路,可以放到 FPGA 或者直接转化为硬件电路,用以执行所描述的功能。

1. 空白字符

与其他的编程语言类似,Verilog HDL 也有一系列的语言元素。与 C 语言一样,各个语言元素之间通过空白的字符隔开。空白字符包括了空格、制表符、回车和换行等。在进行编译的时候,空白字符被编译器自动用来切分出有功能的语言元素。由于 Verilog HDL 是自由风格的编程语言,空白字符对于程序的可读性是非常重要的。在编写程序的时候,建议通过合适的空白字符提高程序的可读性。

2. 注释

Verilog HDL 的注释与 C++语言的完全一样,前面也已经进行了说明,在这里不再赘述。

3. 标识符

VerilogHDL 开发者所能够使用的最基本的元素是标识符,用以表示信号等在实际综合过程中所需要定义的连线以及寄存器等。在 Verilog HDL 中的标识符是由任意的英文字母、数字以及符号“ $ ”与“_”(下划线)构成的。标识符的第一个字符必须是字母或下划线。另外一个值得注意的是,标识符是区分大小写的,大小写不同的标识符被认为是不同的。以下都是一些合法的标识符。

例 3.2 合法的标识符举例。

```
a
total
_delay
_d1_c2
D$
SOURCE
```

以下是一些非法的标识符举例,在实际开发中应该避免使用。

例 3.3 非法的标识符举例。

```
1total                  //以数字开头
number#                 //使用了非法的字符
$5                      //以 $ 开头
```

4. 关键字

关键字是程序员不能使用的标识符,它属于语言内部的保留字,用以完成程序的部分功能。关键字不能作为变量的名字,不能为开发者所使用。另外,在 Verilog HDL 中,所有的关键字都须小写。本书用到的关键字也不是 Verilog HDL 的所有关键字,而是其中的一部分。对于关键字的全集,读者可以查询语言本身的规范。

5. 参数

在 C 语言中,一个良好的编程习惯是使用符号来代替直接进行常数硬编码。这一点在 Verilog HDL 中也是一样的。在 Verilog HDL 中可以使用 parameter 来定义一个符号常量。一个典型的应用就是指定变量的宽度,即变量可以取几位。使用 parameter 的语法形式为:

```
parameter 参数名 1 = 表达式 1,参数名 2 = 表达式 2,……;
```

例如:parameter WIDTH = 16;

这样,可以使用 WIDTH 在程序中替代数值 16。如果将来程序扩展到 32 位宽时,直接修改 WIDTH 的值即可,而不需要在每一个地方都将 16 修改为 32。这是一个良好的编程习惯,一方面便于修改,另一方面也增加了程序的可读性。

6. 编译指导语句

与 C 语言中的编译指导语句(如#include)类似,在 Verilog HDL 中也有类似的编译指导语句来指示 Verilog HDL 编译器的工作。编译指导语句都是不可综合的,会在编译的时候进行字符串等替换操作,与 C 语言对应的语言组成部分功能完全一样。

常用的编译指导语句包括' define 宏替换语句,' include 文件包含语句,' ifdef、' else、' elsif、' endif 条件编译语句。

' define 语句相当于 C 语言中的#define,使用方式在一定程度上与前面的 parameter 类似。在编译的时候,' define 出来的宏名称被替换为后面的字符串。例如:

```
'define WIDTH 16
reg['WIDTH:1] r;
```

这就与 reg[16:1]相当。需要注意是,每次使用宏名称的时候,需要加上反向的单引号“ ' ”(美式键盘上 1 左边的那个键)。另外,在' define 这一行的行末不需要分号,这是与其他实际功能语句不同的地方。

' define 的宏替换功能与 C 语言中的宏替换功能一样强大,能够用来替换比较复杂的表达式。例如:

```
'define sum a+b
```

定义之后,可以使用

```
assign res = sum;
```

获得将两个信号 a 和 b 相加的效果,因为最终会被字符串替换,得到语句:

```
assign res = a+b;
```

'include 语句相当于 C 语言中的#include 语句,用来包含其他的文件。例如' include “adder. v”,行末没有分号。如果被包含的文件与源文件不在同一个目录下,则需要设置对应的目录,例如:

```
'include “../common/adder.v”
```

'ifdef、'else、'elsif、'endif 条件编译语句相当于 C 语言中的#ifdef、#else、#elif、#endif 语句,用来设定最终会被编译的源代码。需要注意,条件判断中用到的宏名称已经被定义过。例如:

例 3.4 条件编译语句

```
'define sum a+b
'ifdef sum
assign res = sum;
'else
assign res = a+b;
'endif
```

这样,就可以通过控制 sum 是否定义来选择对应的需要编译的源代码,不需要编译的源代码则被编译系统忽略。如果需要嵌套更多的判断,可以使用' elsif 编译指导语句进行进一步判断。

上述是在 Verilog HDL 中常用的编译指导语句,对于平时使用来说已经足够了。当然,在 Verilog HDL 中还有其他的编译指导语句,在某些特定的条件下会用到。这些编译指导语句都非常直观明了,查询语言的手册很快就能够明白。

3.3.2 Verilog HDL 中的数据

在数字逻辑电路,包括处理器的设计中,最常用的数据是 0 和 1,分别代表了逻辑真和假,电平的高和低。当然,在 Verilog HDL 中还提供了其他的数值类型。下面仅仅讨论一些必要的数据类型和取值。

1. 常量和整数数值

在硬件开发的过程中,不能够改变的量被称为常量(constants)。在 Verilog HDL 中有多种形式的常量,包括整数、实数以及字符串。在处理器设计中,最重要的是整数常量,下面对整数常量进行介绍。

整数常量的格式如下:

```
+/- <位宽>'<进制><数字>
```

通常也表示为：

```
+/- <size>'<base><value>
```

这里，size 为二进制数的宽度，base 为进制的类别，而 value 则是用对应的进制所表达的数值。

与其他的语言一样，进制包括了二进制（b 或者 B）、十进制（d 或者 D）、八进制（o 或者 O）以及十六进制（h 或者 H）。

例 3.5 整数数值举例。

```
8'b01001010
16'H45EF
-8'D123
-16'o3333
```

上述是整数数值的规范编写方式。在“'”前面或者在进制与数字之间可以有空格，但是建议不要使用，统一到一个风格即可。至于实数以及字符串，由于使用不多，并且字符串常被用在仿真的时候，是不可综合的，在这里就不再赘述。

2. 数据取值

在进行硬件编码的时候，除了 0 和 1 两个常用的信号取值之外，还有其他的一些逻辑状态可以作为信号的赋值，其中两个比较重要的逻辑状态即 x（或者 X）和 z（或者 Z）。这两个取值不区分大小写，使用大写或者使用小写代表有同样的含义。

x 或者 X 表明为不确定，或者未知的逻辑状态，用于不关心对应信号值的情况，不影响整个逻辑电路的功能。

z 或者 Z 代表高阻态。在处理器设计中，高阻态的典型应用就是用于对内存的输入时序（从内存中读数据到处理器内部）。在进行数据输入的时候，先将处理器引脚的赋值状态置于 z 即高阻态，之后经过一定的时间延迟，就可以从对应的引脚处获得外部内存的输入值。

3. 数据类型

基本数据类型包括了 wire 类型和 reg 类型。wire 类型代表硬件电路中的连线，其特征为输出的值紧随着输入值的变化而变化。另外一个重要的数据类型就是 reg 类型。reg 数据类型会放到过程语句中（如 always），通过过程赋值语句进行赋值。reg 类型不一定会对应到硬件的寄存器，在综合的时候会依据实际的情况使用连线或者寄存器来完成 reg 数据类型的功能。

数据类型有向量和标量的区别。如果没有指定位宽，那么默认是 1 位的位宽，即一个标量。向量通过位宽来表示，使用中括号指定，形式为[msb:lsb]。其中，msb 为最高位（most significant bit），lsb 是最低位（least significant bit）。

例如：

```
wire[7:0] data;          //这是一个 8 位的连线
reg[31:0] res;           //32 位的数据变量
```

在 Verilog HDL 中，可以非常方便地访问向量，获取其中的一位或者几位。

```
l=data[7];               //获取 data 的最高位
lob=res[7:0];            //获取数据 res 中的最低 8 位，即最低一个字节
```

3.3.3 Verilog HDL 中的运算

运算的功能对于 Verilog HDL 来说非常重要，程序的功能描述大部分是通过运算来完成的。在数字逻辑的硬件电路设计中，最基本的就是位运算。在基本的运算基础之上，可以实现其他更为丰富的运算功能，如加法运算。在 Verilog HDL 中提供了各种位运算和较高级的运算功能。更高级的运算要依赖硬件设计人员的电路设计。下面是一些常用的运算操作。

1. 位运算符

位运算符是最基本的运算符，从位运算符上开发人员直接可以想象得出最终的电路是如何通过逻辑门来实现的。与所有的编程语言一样，位运算符表达了两个操作数对应的位进行位运算的结果。在 Verilog HDL 中的位运算符包括以下的操作，如表 3.1 所示。假设 a=8'b00001001，b=8'b01010101。

表 3.1 位运算符及操作

位运算符	说明	操作
~	按位进行取反操作	~a=8'b11110110
&	按位进行与操作	a&b=8'b00000001
|	按位进行或操作	a|b=8'b01011101
^	按位进行异或操作	a^b=8'b01011100
^~或~^	按位同或操作	a^~b=8'b10100011
>>	右移运算符	a>>2=8'b00000010
<<	左移运算符	a<<2=8'b00100100

2. 缩位运算符

在位运算符中还有一类特殊的运算符，即缩位运算符。缩位运算符可以将一个向量按照一定的运算"缩"成 1 位，因此被称为缩位运算符。缩位运算符有以下 6 个，如表 3.2 所示。

表 3.2　缩位运算符

<table>
<tr><th>运算符</th><th>说明</th></tr>
<tr><td>&</td><td>与</td></tr>
<tr><td>~&</td><td>与非</td></tr>
<tr><td>|</td><td>或</td></tr>
<tr><td>~|</td><td>或非</td></tr>
<tr><td>^</td><td>异或</td></tr>
<tr><td>^~, ~^</td><td>同或</td></tr>
</table>

缩位运算符能够将多个位缩成一位,其表达式可以写为操作符后面跟着一个向量的操作数。例如:reg [7:0] value;如果 value=7'b01010101,则 &value 结果为0,|value 结果为1, ~^value 结果为1。

下面列出位运算符的真值表,如表 3.3 所示。

表 3.3　位运算符的真值表

<table>
<tr><th>a</th><th>b</th><th>a&b</th><th>a~&b</th><th>a|b</th><th>a~|b</th><th>a^b</th><th>a~^b</th></tr>
<tr><td>0</td><td>0</td><td>0</td><td>1</td><td>0</td><td>1</td><td>0</td><td>1</td></tr>
<tr><td>0</td><td>1</td><td>0</td><td>1</td><td>1</td><td>0</td><td>1</td><td>0</td></tr>
<tr><td>1</td><td>0</td><td>0</td><td>1</td><td>1</td><td>0</td><td>1</td><td>0</td></tr>
<tr><td>1</td><td>1</td><td>1</td><td>0</td><td>1</td><td>0</td><td>0</td><td>1</td></tr>
</table>

3. 关系和逻辑运算符

与位运算符直接相关的操作就是关系和逻辑运算符。关系和逻辑运算符直接应用在条件判断上。例如在 if 语句中使用。下面是常用的关系和逻辑运算符,如表 3.4 所示。其取值结果可以是 true(1 位的逻辑值 1)或者 false(1 位的逻辑值 0)。

表 3.4　常用的关系和逻辑运算符

<table>
<tr><th>运算符</th><th>说明</th></tr>
<tr><td>&&</td><td>逻辑与运算符</td></tr>
<tr><td>||</td><td>逻辑或运算符</td></tr>
<tr><td>!</td><td>逻辑非运算符</td></tr>
<tr><td><</td><td>关系运算符小于</td></tr>
<tr><td><=</td><td>关系运算符小于或者等于</td></tr>
</table>

续表

运算符	说明
>	关系运算符大于
>=	关系运算符大于或者等于
==	关系运算符等于
!=	关系运算符不等于
===	关系运算符全等
!==	关系运算符不全等

上述逻辑运算符中,值得关注的是全等运算符和不全等运算符,需要理解其与等于和不等于运算符的区别,如表 3.5 所示。

相等运算符"=="在进行比较的时候,需要按位进行比较,当所有的位都相等时,最后的结果值是 true。如果其中的某一位是高阻态(用 Z 表示)或者是不定值(用 X 表示),那么最终的结果是不定值。对于全等"==="来说,高阻态或者不定值也需要进行比较,只有完全一致才会获得 true 的结果。因此,在进行真正比较的时候,需要注意这一点来选择合适的运算符。

表 3.5　等于运算符与全等运算符的区别

A	B	A==B	A===B
4b1101	4b1101	1	1
4b1100	4b1101	0	0
4b110Z	4b110Z	X	1
4b11XX	4b11XX	X	1

4. 算术运算符

算术运算符是常用的运算符,包括加(+)、减(-)、乘(×)、除(÷)运算符,这些运算符可以用在整数的运算中。还有一个算术运算符与 C 语言中的运算符一致,即求余运算符(%)。这些运算符并不是最基本的运算符,在其背后综合出的电路中,需要使用对应的门电路组织成的组合逻辑来完成。可以说,这是语言内部提供的高层的逻辑单元功能,方便在开发的时候直接集成使用,而不需要采用模块调用的方式。在处理器的设计中,算术运算符的主要作用是构成 ALU,这样在设计 ALU 运算的时候会非常方便。当然,语言内部加法器、乘法器和除法器都是最基本的设计,如果要设计更加高效的功能单元,则需要开发人员进行自行设计。

5. 条件运算符

在 C 语言中有一个需要 3 个参数的运算符,即条件运算符"condition? result1 : result2"。这个运算符在 Verilog HDL 中也存在,也完成了相同的功能,即 signal=condition? expression1 : expression2。如果 condition 为 true,signal 取 expression1 的值,否则取 expression2 的值。

6. 位拼接运算符

位拼接运算符“{ }”能够很方便地把多个信号拼接为向量的形式。位拼接运算符的使用也非常方便,只需要把信号排列在大括号中间即可。{a[3:0],b[7:6],c}代表了将 a 的第 3 至第 0 位,b 的第 7 位和第 6 位,以及信号 c 拼接在一起,构成一个新的信号向量。

以上就是在 Verilog HDL 中常用的各种运算符,这些运算符在设计处理器的时候经常被使用到,需要熟练掌握。还有一点没有提的是运算符的优先级,在大部分的情况下只会在一个表达式中使用少数几个运算符,如果不太清楚优先级,使用括号就可以了。

3.4 Verilog HDL 的行为语句

3.4.1 关于硬件描述语言功能的讨论

我们使用的是硬件描述语言这样的叙述方式,而不是硬件设计语言。这一点很重要,因为在使用硬件描述语言的时候,更多的是描述对应的电路模块应该具有的功能,而不是描述电路模块内部是由哪些元器件组成的。这样,就会有一个问题,由于符合 Verilog HDL 语法标准的代码是对硬件行为的一种描述,而不是对应的电路的设计,因此描述完成之后不一定是可以综合的。特别是对于高层的设计方法来说,更是这样,过于复杂的描述,往往很有可能就综合不出来。以当前大部分的 EDA 软件的综合能力来说,只有比较低层(例如 RTL 级别的,或者更低层)的行为描述才是能够保证可以综合的。高层的描述则需要注意,不要编写符合语法要求但是不能综合的行为描述。至于什么样的语句能够被综合,什么样的语句不能够被综合,除了一些常用的模式之外,这与软件的综合能力也相关。随着软件综合能力的增强,原来不能综合的也可能可以综合了。

对于开发人员来说,就需要增加自己的经验,使得自己开发出来的硬件描述可以在更多的平台上能够综合。这也没有捷径可以走,重要的一点就是在编写代码的时候有意识保证自己编写的语句可以综合,避免对综合软件造成困扰。在开发的时候,时刻要注意自己的程序最终是需要被转化为硬件电路的,需要极力避免按照程序顺序执行的方式去思考问题,而是按照电路的模块去思考,所有的功能都是并行执行的。哪怕是按照顺序方式描述出来的电路模块,只是描述了这个电路模块应具有的功能,在最终综合完成之后,电信号会在所有的导线上进行并行传播。特别的,各个模块之间都是并行执行的,而不是串行的。上述关于硬件描述语言的讨论尤为重要。需要在阅读代码以及自己进行开发的时候牢记在心。

3.4.2 Verilog HDL 的行为语句综述

行为语句是 Verilog HDL 的最重要的功能语句,用来定义具体模块的行为。它包括赋值语句、过程语句、条件语句和编译指导语句等。这些语句构成 Verilog HDL 中对于功能描述的基本模式。

在 Verilog HDL 中,并不是所有的行为语句都是可以综合的,而不可综合的行为语句往往会被应用到仿真环境中。在实际编写 Verilog HDL 代码的时候,需要时刻注意这一点,清楚知道每一部分的代码是否需要反映到最终的硬件中。

在本章的后面部分主要讨论 Verilog HDL 的可综合的行为语句,对于仿真使用的不可综合的行为语句读者可以在理解本章的内容之后参考其他的 Verilog HDL 书籍。在 Verilog HDL 中的可综合的行为语句主要包括以下几个部分。

① always 过程语句。

② 使用 begin-end 组合起来的语句块。

③ 可以进行持续赋值的语句 assign。

④ 阻塞的过程赋值语句=,非阻塞的过程赋值语句<=。

⑤ for 循环语句。

3.4.3 always 过程语句

在 Verilog HDL 中,always 过程语句尤为重要。可以说,绝大多数的硬件功能都是放在 always 过程语句中描述完成的。在一个模块中,always 过程语句使用是不受限制的,可以有多个 always 过程语句,且它们是并行执行的。

always 过程语句的使用方法如下:

```
always@(敏感信号列表)
语句//可以是一条语句,或者是语句块
```

如果只有一个语句,不需要加 begin-end 来构成语句块,如果超过一个语句,则需要通过 begin-end 来构成语句块。因此,实际上更加常用的形式如下:

```
always@(敏感信号列表)
begin
//本过程的功能描述
end
```

下面通过一个四选一数据选择器的模块例子来说明 always 过程语句的各个组成部分。仿真波形图如图 3.1 所示。

例 3.6 使用 always 过程语句描述四选一数据选择器。

```
module mux4_1(din1,din2,din3,din4,se1,se2,out);
input din1,din2,din3,din4,se1,se2;
output reg out;
always @ (din1 or din2 or din3 or din4 or se1 or se2)
      case({se1,se2})
      2'b00 : out=din1;
      2'b01 : out=din2;
      2'b10 : out=din3;
      2'b11 : out=din4;
      endcase
endmodule
```

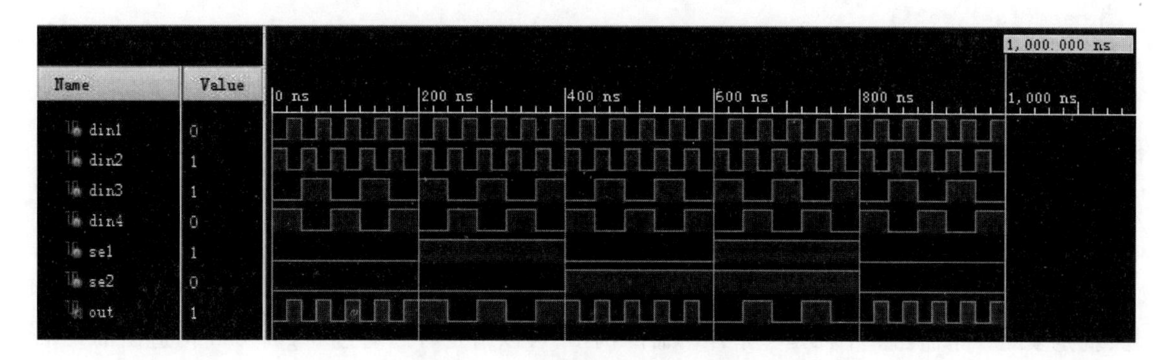

图 3.1　数据选择器仿真波形图

可以看到,在这个四选一的数据选择器中,四个输入信号分别为 din1 ~ din4,两个选择信号分别为 se1 和 se2,一个输出信号为 out。在 always 过程语句的敏感信号列表中,列出了当前这个过程语句需要响应的敏感信号,即在敏感信号列表中的任何信号发生改变,那么这个 always 过程语句都需要被执行一遍。

关于敏感信号列表方式可以有下面几种不同的形式:

always @ (din1,din2,din3,din4,se1,se2)// 使用逗号“ , ”替换 or 书写起来更加方便。

另外,Verilog 2001 对敏感信号的书写提供了更加简便的方法,在列表位置可以使用@ (*) 或@ * 作为通配符把所有输入信号匹配为敏感信号,即可以描述为:

```
always@ ( * )
```

或者 always @ *

敏感信号可以分为两个类型,一个是电平敏感型,一个是边沿敏感型。电平敏感型在发生电平变化,从 0 变成 1 或者从 1 变成 0 的时候,always 过程语句会依据变化完成的值执行一次。而边沿敏感型则可以进一步分为上升沿触发或者下降沿触发。在发生了一次上升沿事件,或者下降沿事件的时候,触发 always 过程语句的执行。在 Verilog HDL 中,使用 posedge 指定上升沿,使用 negedge 指定下降沿。可以将边沿敏感类型的信号放置到 always 过程块的敏感信号列表中,下面是一个常用的 always 过程的敏感信号列表。

always @ (posedge clk)

这里响应的是一个时钟 clk 的上升沿信号,一旦一个时钟的上升沿发生,那么下面的 always 过程语句就会执行。这是驱动处理器执行的基础,在进行综合的时候会综合出时序电路。

在上述电路中,由于在 always 过程语句的功能描述部分只有一条 case 语句,因此不需要使用 begin-end 来构成语句块。case 语句的使用非常方便,从上面的例子中可以看到,其格式为:

```
case({se1,se2})
endcase
```

在 case 语句的内部对不同的情况进行判断,然后进行处理,具体可以参见 3.4.6 小节。这里使用位拼接运算符"{ }"将两个选择信号 se1 和 se2 进行了拼接。

3.4.4 begin-end 块语句

begin-end 能够将多条语句构成语句块。当然,如果只是一条语句,使用 begin-end 也没有问题,就是多此一举而已。下面是一个译码器的例子,可以清楚看到通过 begin-end 构造出的一个语句块,如图 3.2 所示。

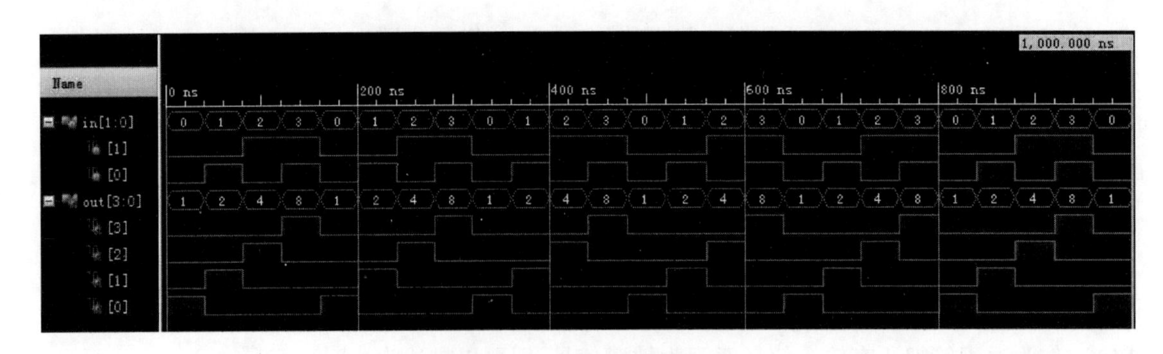

图 3.2 译码器仿真波形图

例 3.7 使用 begin-end 构造语句块。

```
module decoder2_4(in,out);
```

```
input [1:0] in;
output reg [3:0] out;
always @ (in)
  begin
      out=4'b0000;
      case(din)
            2'b00 : out=4'b0001;
            2'b01 : out=4'b0010;
            2'b10 : out=4'b0100;
            2'b11 : out=4'b1000;
      endcase
  end
endmodule
```

上述的语句块中,因为需要一个初值,在 begin-end 中有两条语句,就必须构造出一个语句块。begin-end 构造出的语句块也被称为串行块,其含义就是,在 begin-end 之间的语句是“顺序”执行的。这里也体现出了硬件描述语言的特点。硬件不像软件会逐条执行指令,在硬件综合完成之后,各个部分的电信号就开始驱动整个硬件电路信号扩散,并逐步稳定下来。而这里所谓的顺序执行,是为了阅读理解方便而进行的说明,实际上硬件就是这样执行的。这里的硬件在被综合出来之后就是一个常用的 2-4 译码器,输出会随着输入的变化而变化。

3.4.5 赋值语句

赋值语句是任何一门编程语言的最基本的部分。对于 Verilog HDL 来说也不例外,通过赋值语句可以将不同的信号组织起来。在 Verilog HDL 中,赋值语句包括持续赋值语句和过程赋值语句。持续赋值语句在过程外使用,与过程语句并行执行。过程赋值语句在过程内使用,串行执行,用于描述过程的功能。

在 Verilog HDL 中使用 assign 作为持续赋值语句使用,用于对 wire 类型的变量进行赋值。其对应的硬件也非常好理解,即通过对输出进行赋值,当输入变化的时候,经过一定的延迟,输出就会按照 assign 所描述的那样发生变化。

例如:assign res=input_a & input_b;

在这个例子中,输入 input_a 和 input_b,输出 res 都是 wire 类型的变量。当两个输入中的任意一个发生变化的时候,输出 res 都会发生变化。当然,变化不是立即的,而是需要经过一定的延迟,因为任何一种电路都会有延迟。在一个模块中,可以有多个 assign 的持续赋值语句,它们都是并行执行的,一旦赋值语句中的任何信号发生变化,那么这个赋值语句的输出信号(赋值等号左边的信号)就会跟着变化。assign 持续赋值语句由于表达能力的限制,只能反映一些简单的变化,而 always 过程语句则可以复杂很多,用以描述复杂的输出信号和输入信号的关系。

在 always 过程里面也可以有赋值语句,这也是必不可少的。在过程里面的赋值语句被称为过程赋值语句,一般用来对 reg 类型的变量进行赋值。过程赋值语句分为非阻塞赋值语句(<=)和阻塞赋值语句(=)两种类型。它们之间的区别如下。

① 非阻塞赋值语句(<=)在赋值语句出现的地方不是立即发生的,而是等到整个过程块结束的时候才发生。由于不是立即发生的,在过程内的描述中,仿佛这条语句不存在一样,因此被称为是非阻塞的。只是在过程的最后会执行所有的非阻塞赋值语句,在这个执行的过程中,所有的右值会维持原来的值不变。

② 阻塞赋值语句(=)在赋值语句出现的地方就立即完成赋值操作,左值立刻发生变化。一个块语句中的多条阻塞赋值语句会按照先后顺序逐条执行,前面的赋值语句没有执行完,后面的赋值语句不会执行。这样的一种行为模式,就跟网络 IO 编程中的阻塞函数调用方式一样,一定要完成函数执行之后,这个函数调用才会退出。

可以看到,这里的阻塞和非阻塞概念与传统的网络编程中的阻塞和非阻塞的概念是一致的。不同的是传统的非阻塞编程需要最后使用一个同步语句(例如 select 和 poll)来完成同步,而这里的非阻塞会统一在过程块结束的时候执行。

例 3.8 阻塞赋值语句的使用。

```
module blocking(clk,a,c);
  input clk,a;
  output reg c;
  reg b;
  always @ (posedge clk)
  begin
      b=a;
      c=b;
  end
endmodule
```

例 3.9 非阻塞赋值语句的使用。

```
module nonblocking(clk,a,c);
  input clk,a;
  output reg c;
  reg b;
  always @ (posedge clk)
  begin
      b <=a;
      c <=b;
  end
endmodule
```

例 3.8 中,最后 b 和 c 的值都统一改为 a 的值。由于阻塞的特性,b=a 必须要先完成,之后 c=b 执行的就是 c=a 的操作。而例 3.9 中,由于是非阻塞的赋值,所有赋值的效果在过程结束的时候才体现。在过程结束的时候,b 就被赋值为 a 的值,而 c 被赋值为 b 之前的值。这个效果从最终的模拟信号波形图可以看得很清楚,如图 3.3 和图 3.4 所示。

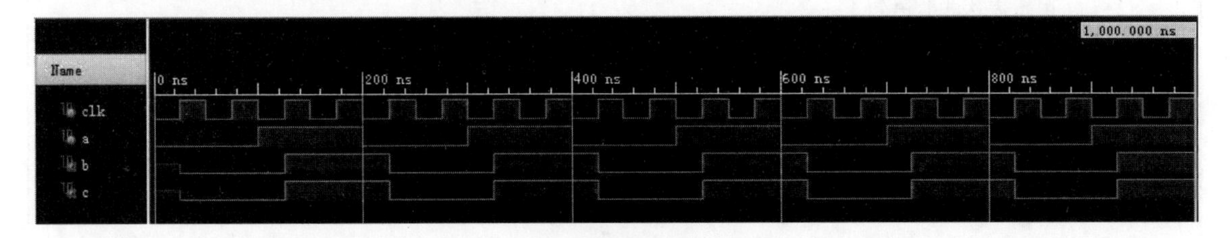

图 3.3　阻塞赋值的仿真波形图

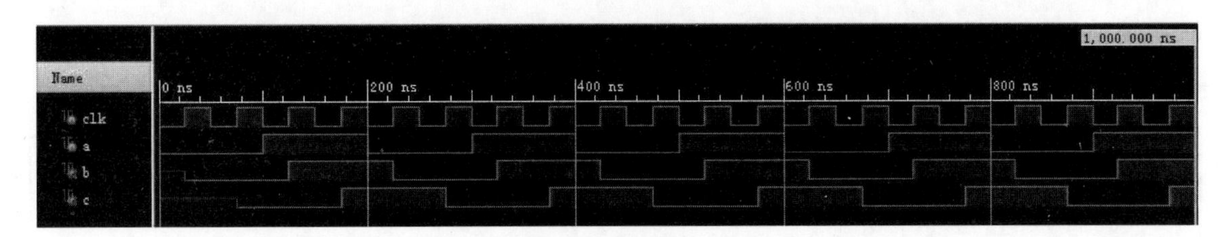

图 3.4　非阻塞赋值的仿真波形图

上述阻塞赋值和非阻塞赋值综合出来的电路图是不同的,如图 3.5 和图 3.6 所示。

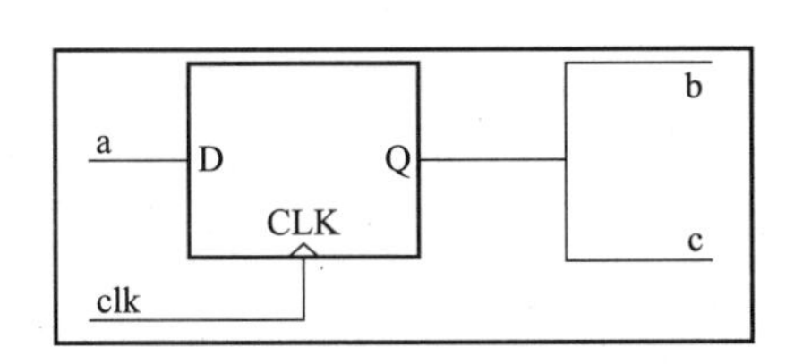

图 3.5　阻塞赋值综合结果

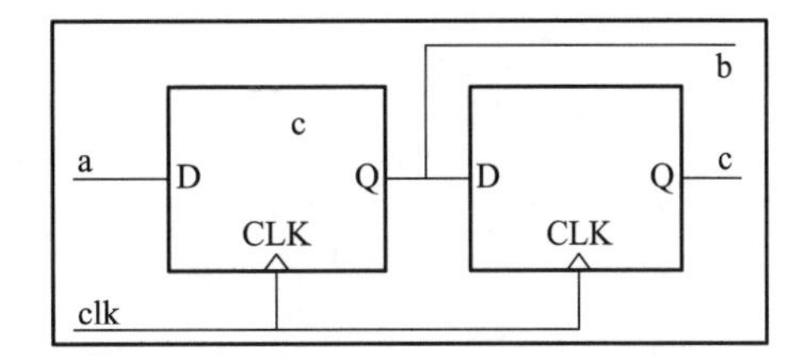

图 3.6　非阻塞赋值综合结果

上述两个图可以看到,非阻塞赋值要比阻塞赋值多一个触发器。这显然是因为在非阻塞情况下,信号 b 和 c 的变化不同步,需要通过一个触发器进行一个周期的延迟。

3.4.6　条件语句

几乎所有的编程语言中都会包含条件语句,并且几乎都使用了 if 这样的最为常见的方式。在 Verilog HDL 中,条件语句包括了 if-else 语句以及 case 语句。这两个语句在 Verilog HDL 中的使用方法与在其他的语言中几乎完全一样。

对于 if-else 的条件语句来说,主要有下面的 3 种使用形式。

```
① if(逻辑表达式) 语句 1;
② if(逻辑表达式) 语句 1;
   else 语句 2;
③ if (逻辑表达式 1)语句 1;
   else if(逻辑表达式 2) 语句 2;
   else if(逻辑表达式 3) 语句 3;
   ……
   else if(逻辑表达式 n) 语句 n;
   else 语句 n+1;
```

上面 3 种形式条件语句的区别在于只需要一个判断,或者需要多个判断,以及是否需要增加 else 匹配后面的动作。

例 3.10　使用 if-else 语句实现译码器,仿真波形图如图 3.7 所示。

```
module decoder2_4(in,out);
input [1:0] in;
output reg [3:0] out;
always @ (in)
  begin
      out =4'b0000;
      if (in= =2'b00)
            out =4'b0001;
      else if (in= =2'b01)
            out =4'b0010;
      else if (in= =2'b10)
            out =4'b0100;
      else if (in= =2'b11)
            out =4'b1000;
  end
endmodule
```

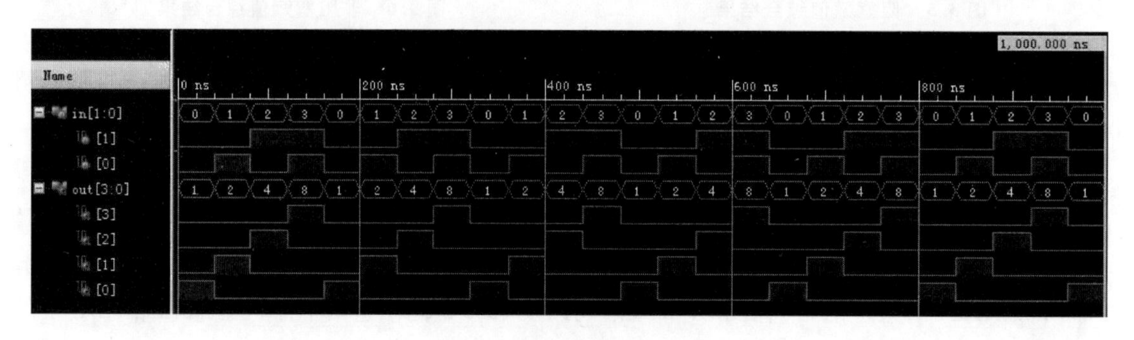

图 3.7　译码器仿真波形图

在 Verilog HDL 中也提供了 case 这样的条件判断语句。case 条件判断语句使用方便,避免使用过多的 if-else 进行编写。case 语句的语法形式如下:

```
case (敏感表达式)
    条件判断 1:语句 1;
    条件判断 2:语句 2;
    ……
    条件判断 n:语句 n;
    default:语句 n+1
endcase
```

可以看到,在敏感表达式中会计算出不同的条件,进而会跳到不同的语句去执行。需要注意的是,条件判断语句就是分支的语句,不需要像 C 语言一样在其中插入 break,在条件判断语句执行完成后,直接跳出 case 语句本身。也就是说,执行完语句 1 之后,就直接退出整个 case 语句,而不是继续执行语句 2。在 C 语言中,如果没有 break 语句,剩余的语句会逐一执行,直到碰到 break 或者 case 语句完成。Verilog HDL 在这一点,对于程序员来说更加友好。

3.4.7 循环语句

在 Verilog HDL 中也存在循环语句。可以综合的循环语句为 for 语句,它与 C 语言中的 for 语句使用方法完全一样。for 语句的语法形式如下:

```
for (表达式 1;表达式 2;表达式 3)语句;
或
for(循环变量赋初值;循环结束条件;循环变量增值)执行语句;
```

对于循环语句来说,不太容易想象得出综合之后的效果,因为循环并不直观。综合器处理起来也并不容易,并且对于不同的综合器来说,不一定都是可以综合的。相比前面讨论的赋值和判断语句而言,for 循环语句描述的功能更加高层和抽象。虽然编写程序容易,但是转化为硬件的难度更大。即便转化完成,可能所需要的硬件资源也很多,效率不高。因此,除非是一些对语句进行重复设置的情况,尽量不要使用循环语句,以免对综合器造成困扰。

除了上述的 for 语句之外,在 Verilog HDL 中还有另外 3 个循环语句,分别为 forever 语句、repeat 语句和 while 语句。其中 forever 语句会连续执行语句,主要在仿真中使用,用以生成周期性的波形,例如时钟信号。

repeat 语句的语法形式如下:

```
repeat(循环次数的表达式)
begin
语句或语句块
end             //单个语句不需要 begin 和 end
```

while 语句的语法形式如下：

```
while(循环执行的条件表达式)
begin
语句或语句块
end            //单个语句不需要 begin 和 end
```

由于 repeat 语句和 while 语句的功能实际上都可以通过 for 语句表现出来，另外 for 语句在大部分的 EDA 工具中都是可以综合的，而 repeat 和 while 往往是不可综合的，因此在自己编写代码时，如果需要生成可以综合的代码，尽量使用 for 语句来实现循环。但是，正如前所述，综合出来的效率不一定很高，所以应该谨慎使用。

例 3.11 使用 for 循环语句实现加法器，仿真波形图如 3.8 所示。

```
module for_adder(a,b,cin,sum,cout);
  input [7:0] a,b; input cin;
  output reg[7:0] sum; output reg cout;
  reg c; integer i;
  always @ *
  begin
      c=cin;
      for (i=0;i < 8;i++)
      begin
            {c,sum[i]}=a[i] + b[i] + c;
      end
      cout=c;
  end
endmodule
```

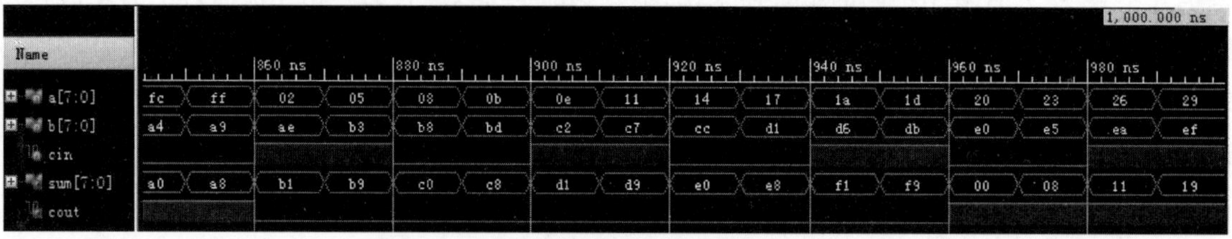

图 3.8 加法器仿真波形图

这是一个通过 for 循环语句实现的加法器。当然，真正的加法器并不需要这样实现，这里是对 for 语句的功能进行举例。可以看到，在过程语句里的 for 循环描述了每一位加法的过程，并最终获得结果。从这个 for 循环语句完全看不出最终的电路图，这是一个非常明显的功能描述代码，而不是功能设计的代码。

3.5 Verilog HDL 的设计层次与风格

在 Verilog HDL 中,可以使用不同的方式来进行电路的设计,有的时候也会给初学者很大的困扰。因为语言有很大的灵活性,对于相同的电路可以有不同的设计方法。这种灵活性可能会对初学者来说不太好掌握。下面就通过一个 1 位全加器的简单例子来说明在 Verilog HDL 中的不同的设计层次与设计方法。

1 位全加器的输入包括 1 位的低位进位 cin,2 个一位的输入信号 a 和 b,输出则包括一个当前位的和 sum 以及向高位的进位 cout。全加器的电路图可以直接从 1 位全加器的真值表中获得,真值表如表 3.6 所示。大部分的数字电路以及组成原理的教科书都有 1 位全加器的例子,可做参考。

表 3.6 1 位全加器真值表

a	b	cin	cout	sum
0	0	0	0	0
0	0	1	0	1
0	1	0	0	1
0	1	1	1	0
1	0	0	0	1
1	0	1	1	0
1	1	0	1	0
1	1	1	1	1

从 1 位全加器的真值表可以获得 1 位全加器的逻辑表达式,注意,这里只使用了**与或非**门的表达,如果使用其他的逻辑运算符可以进一步简化。

```
CarryOut=(¬ A * B * CarryIn)+(A * ¬ B * CarryIn)+(A * B * ¬ CarryIn)+(A * B * Car-
ryIn)
=(B * CarryIn)+(A * CarryIn)+(A * B)
Sum=(¬ A * ¬ B * CarryIn) + (¬ A * B * ¬ CarryIn) + (A * ¬ B * ¬ CarryIn) +(A * B *
CarryIn)
```

1 位全加器的电路图如图 3.9 所示。

1 位全加器的设计完成了,这实际上是传统的硬件设计方法。作为例子,在这里首先把一个已经实现的电路绘制出来,然后再逐步讨论使用 Verilog HDL 进行不同的描述。目的就是展示出真正的硬件之后,再展示不同的描述,用以说明硬件与对应的描述之间的关联。

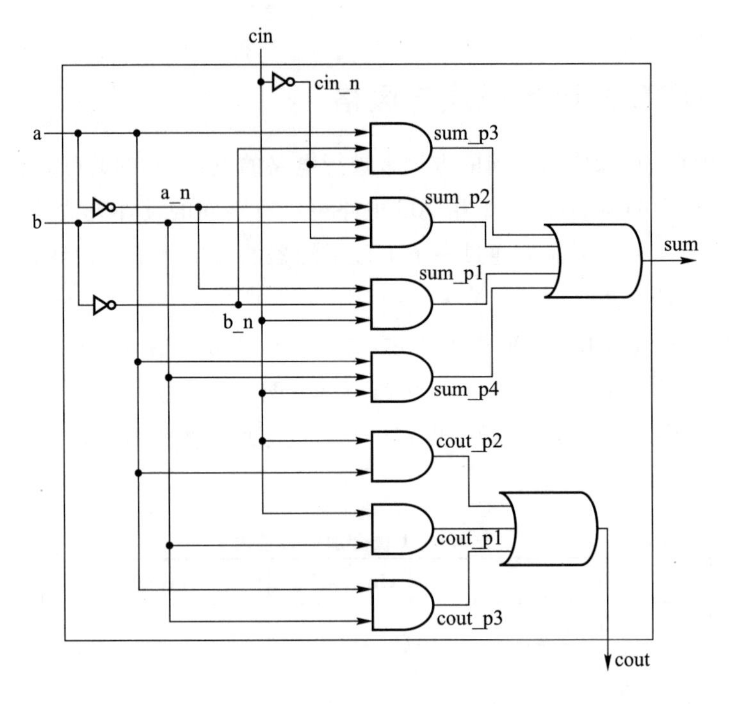

图 3.9　1 位全加器的电路图

在上述的电路中,使用了三个**非**门(not),四个 3 输入的**与**门(and),三个 2 输入的**与**门(and),一个 4 输入的**或**门(or),一个 3 输入的**或**门(or)。这里的**非**门、**与**门和**或**门都是 Verilog HDL 中的内置的门电路,可以直接使用。这样,可以将上述电路中的每一条线进行命名,然后直接构造出 Verilog HDL 的结构描述。当然,如果是输入线,就不必命名,直接使用输入的名称即可,同理,对于输出线可以使用输出的名称。

例 3.12　1 位全加器的门级结构描述,仿真波形图如图 3.10 所示。

```
module full_adder1(a,b,cin,sum,cout);
input a,b,cin;
output sum,cout;
wire a_n,b_n,cin_n,sum_p1,sum_p2,sum_p3,sum_p4,cout_p1,cout_p2,cout_p3;
not(a_n,a),(b_n,b),(cin_n,cin);
and(sum_p1,a_n,b_n,cin),(sum_p2,a_n,b,cin_n),(sum_p3,a,b_n,cin_n),(sum_
p4,a,b,cin),(cout_p1,b,cin),(cout_p2,a,cin),(cout_p3,a,b);
or(sum,sum_p1,sum_p2,sum_p3,sum_p4),(cout,cout_p1,cout_p2,cout_p3);
endmodule
```

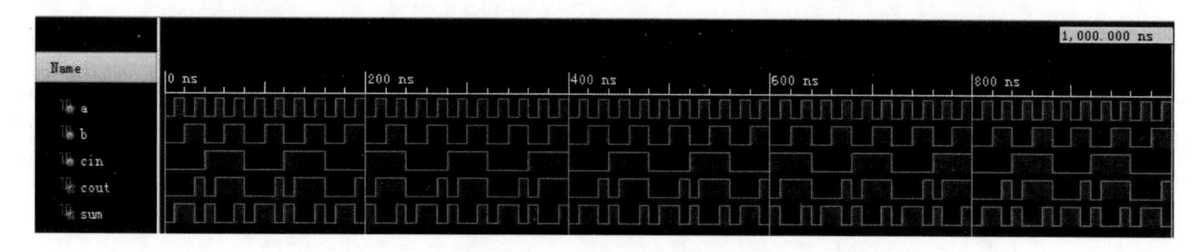

图 3.10　门电路仿真波形图

注意,上述所有内置门电路的第一个参数为输出,剩余的参数为输入。可以看到,1 位全加器的门级结构描述直接描述了各个门之间是如何连线的。由于是文本文件,因此连线不像图形那么直观。但是,从代码中的各个信号线的命名,以及对应命名完成的信号线作为门级的调用参数来看,各个门元件的连线比较清楚。门级结构描述虽然不是最底层的描述(如直接用晶体管搭建),但是已经非常接近底层的描述,可以被直接综合出来,使用元件进行直接映射即可。门级结构描述的缺点也很明显,即要求用户自行完成门级的设计,直接映射到硬件。这种方法一般用于设计比较简单的电路,或者设计非常高效工作的电路,方便综合器直接进行综合。当然,门级结构描述还有一个作用,即其结构描述的方式可用于通过部分的逻辑电路模块来构造更大型的电路模块。

门级结构描述虽然方便了底层的综合器,但是对于编程来说不太方便,开发者希望能够进行更加高层的设计。一个选择就是将上述的逻辑表达式直接写到程序里面,这就是数据流描述的方法。

例 3.13　1 位全加器的数据流描述,仿真波形图如图 3.11 所示。

```
module full_adder1(a,b,cin,sum,cout);
input a,b,cin;
output sum,cout;
assign sum=(~a&~b&cin)|(~a&b&~cin)|(a&~b&~cin)|(a&b&cin);
assign cout=(b&cin)|(a&cin)|(a&b);
endmodule
```

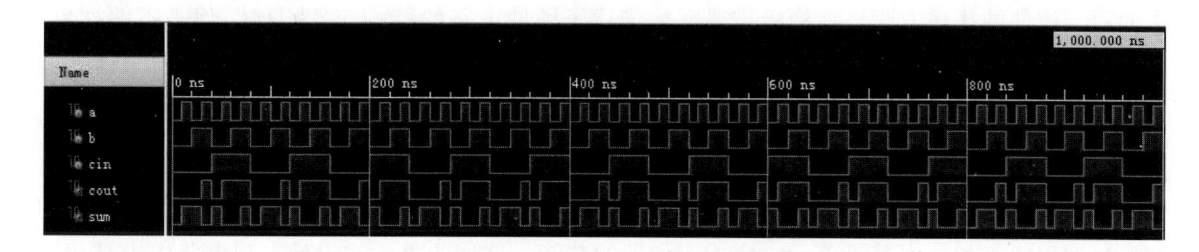

图 3.11　数据流仿真波形图

数据流描述方法,就是在组合逻辑中,说明输出是如何随着输入数据的变化而变化,可以使用持续赋值语句 assign。持续赋值语句说明了数据流的变化情况以及它们之间的逻辑关系。持续赋值语句的抽象层次要比门级结构描述更加抽象。只要有了逻辑表达式关系,直接翻译为 Verilog HDL 中的运算符即可,而不用仔细考虑底层的门电路构成。但是,数据流描述的抽象层次还不是很高,因为已经很难从给出的数据流中看到这是一个 1 位的全加器。实际上,对于复杂的硬件逻辑设计来说,使用行为级描述更为妥当,即直接描述出硬件所需要完成的功能,而不需要考虑这些硬件的具体实现,把实现交给 EDA 综合软件去做。

例 3.14 1 位全加器的行为级描述,仿真波形图如图 3.12 所示。

```
module full_adder1(a,b,cin,sum,cout);
  input wire a,b,cin;
  output reg sum,cout;
  always @ *
  begin
       {cout,sum} =a+b+cin;
  end
endmodule
```

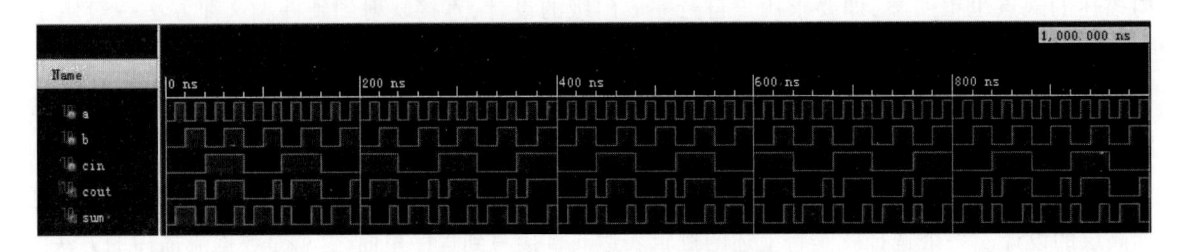

图 3.12 行为级描述仿真波形图

从行为级描述中,完全看不到最终电路的使用元件及布线,但是这个程序简单明了。这对于开发人员来说极为方便,直接能够看出是一个全加器,因为这一段程序完整地描述了一个全加器所需要完成的功能。

结构级描述、数据流级描述和行为级描述是 Verilog HDL 开发过程中可以使用的 3 种不同层次的对于硬件的描述方法。结构级描述直接描述了硬件电路的结构,最为具体,但是不够抽象。数据流描述更加接近传统的逻辑设计,抽象程度中等。行为级描述只需要抽象描述一个硬件的功能单元所完成的功能,不需要说明硬件的构造,最为抽象。在实际的设计过程中,这 3 种方式可以混合使用,针对不同的电路,可以选择不同的描述方式。

在设计大型硬件电路的时候,使用结构级描述是必不可少的。在前面的例子中,已经看到如何通过调用门级的基本逻辑单元来完成全加器的功能。这样的方法在设计大型电路中也是相同的。可以设计一些小型的电路模块,然后通过结构的描述来设计出规模更大的电路。下面就通过设计 4 位的加法器来说明结构描述在设计大型电路时的作用。

4 位的加法器的构成使用了 4 个 1 位的加法器,通过级联之后可以获得。如图 3.13 所示。

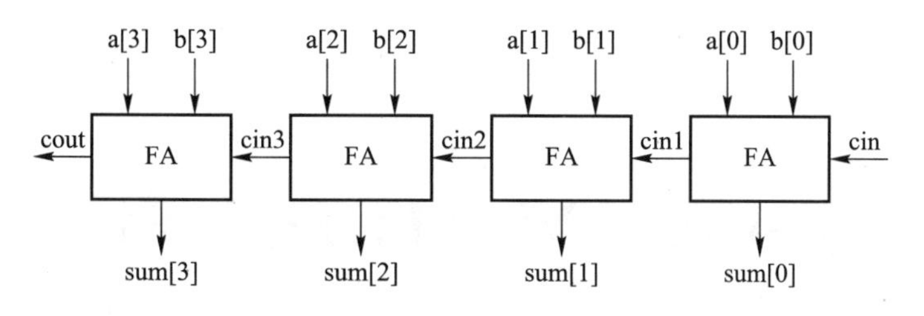

图 3.13　由 4 个 1 位的加法器构成一个 4 位的加法器

先对其中的信号进行命名，然后通过结构描述的方式来描述上述电路。实际上，这里需要命名的信号就是进位到前一级的进位，分别命名为 cin1、cin2 和 cin3。上述电路的描述如下。

例 3.15　4 位全加器的行为级描述，仿真波形图如图 3.14 所示。

```
module full_adder4(a,b,cin,sum,cout);
  input cin;
  input [3:0]a,b;
  output [3:0]sum;
  output cout;
  full_adder1 a0(a[0],b[0],cin,sum[0],cin1);
  full_adder1 a1(a[1],b[1],cin1sum[1],cin2);
  full_adder1 a2(a[2],b[2],cin2sum[2],cin3);
  full_adder1 a3(a[3],b[3],cin3sum[3],cout);
endmodule
```

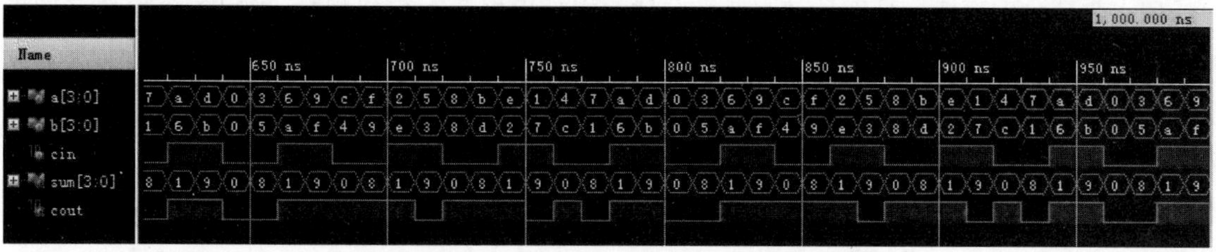

图 3.14　4 位全加器行为级描述的仿真波形图

可以看到，这里的结构级描述与之前的门级结构描述在形式上是完全一样的。例 3.12 门级结构描述调用的是语言内建的元件，但这里调用的是开发者自己的模块。同时，例 3.15 中使用了另外一种调用形式，即对每一次调用进行命名，分别命名为 a0、a1、a2、a3。

到现在为止，对 Verilog HDL 的编程语言进行了一个大致的介绍。当然，这里介绍的是 Verilog HDL 中的最基本的内容，希望能够帮助读者对 Verilog HDL 语言有一个概貌。在实际进行硬件设计的时候，最基本的方法还是自顶向下的方法，对硬件先分成多个互相独立的模块，然后定义模块之间的连线关系。之后，分别设计每一个独立的模块，连线关系即是它们之间的接口。最终通过结构描述的方式将设计完成的模块连接在一起。

第4章　Vivado开发环境

4.1　概述

基于FPGA的开发与软件的开发有一定的相似性,都是需要在输入源代码的基础上进行编译,最后形成可执行程序。当然,两者的开发也有一定的区别,硬件开发中通过源代码获得的二进制可执行程序不是在操作系统环境下执行的,而是需要装载到硬件环境中才可以执行。基于FPGA的开发分为以下的几个步骤。

(1) 方案设计

与软件开发一样,硬件方案设计也是一个非常重要的步骤。方案设计可以采用自顶向下和自底向上相结合的方法。首先是对所需要设计的硬件电路进行模块划分,确定各个模块之间的硬件线路连接。之后,对各个模块进行设计和测试。方案设计阶段绘制硬件模块图是一个非常重要的环节,能够大大方便源代码的编写。

(2) 代码输入

方案设计完成之后,就需要使用硬件描述语言(VHDL或者Verilog等)编写模块的代码。大部分情况下,都可以使用在设计阶段绘制的模块以及模块之间的连线图直接编写其源代码。

(3) 代码综合

代码综合相当于把源代码编译为二进制模块,类似于软件项目的编译过程。代码综合阶段通过编译器将源代码转换成使用基本的逻辑单元组成的逻辑网络结构。代码综合的结果还不能直接用于执行,还需要加入约束,例如管脚约束等。

(4) 硬件仿真

与软件开发方式不同,进行FPGA开发的时候,硬件仿真是一个重要的步骤,它是调试源代码的重要手段。在实际装载到硬件之前,可以通过硬件仿真的方式来调试源代码,减少实际加载到硬件阶段的反复尝试与调试的次数,降低硬件调试的难度。硬件仿真可以分为前仿真和后仿真。前仿真只是对功能进行验证,后仿真会加入时序信息。后仿真是硬件开发特有的。

(5) 约束

代码综合获得的二进制模块还不能直接执行,必须要添加约束。可以将约束阶段类比为软件项目中的链接阶段。约束是指对硬件设计进行设定,让实现工具能够根据用户想要的目标进行实现,约束可以指定管脚、限制时延、限定布线范围等。在实验中,一个重要的约束即为管脚约束。管脚约束用以将模块的输入/输出信号与硬件的信号连线绑定在一起。管脚约束之后的二进制模块可以装载到硬件中执行。

(6) 装载执行

开发的最后阶段是将二进制程序装载到硬件中执行。不同的硬件环境会有不同的工具将开发完成的二进制文件装载到硬件中执行。执行阶段可能会有不同的问题,例如,如果是设计阶段的问题,则需要对某一些模块进行重新设计,或者更改它们之间相互的连线,更新设计。

在开发工具方面,各种 FPGA 都有对应的开发环境来帮助开发人员进行硬件的设计、开发与调试。实验中使用了 Xilinx 公司的硬件,因此采用该公司的 Vivado 开发套件。

Vivado 开发套件具有界面友好、操作简单的特点。由于 Xilinx 的 FPGA 芯片占有很大的市场份额,这也使得 Vivado 成为通用的 FPGA 工具软件。Vivado 的主要功能包括设计输入、综合、仿真、实现和装载,涵盖了 FPGA 开发的全过程。从功能上来讲,其工作流程非常完善,开发的过程中无须借助任何第三方 EDA 软件。

基于 Vivado 的 FPGA 开发流程如图 4.1 所示。该开发流程对上述的通用开发过程进行了细化。

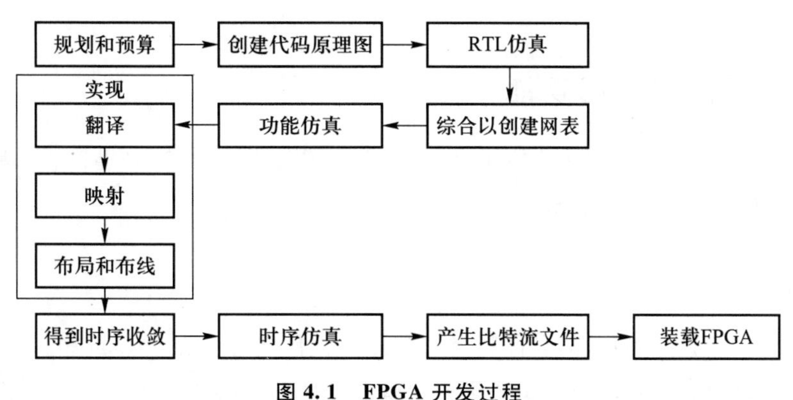

图 4.1　FPGA 开发过程

在整个开发的流程中,Vivado 都有对应的工具来帮助开发人员降低开发难度。例如,下面的一些工具可以用于开发的不同阶段。读者可能在一开始的时候并不熟悉,随着开发的进行,熟悉和灵活使用各种工具可以大大加快开发的速度。

(1) 设计和编码

Vivado 提供了各种工具来帮助硬件系统的设计与编码。Vivado 提供的设计输入工具包括用于 Verilog 等源代码输入和查看报告、自带高亮的 Vivado 文本编辑器，用于原理图编辑的工具 ECS(engineering capture system)，用于生成 IP Core 的 Core Generator，用于状态机设计的 stateCAD 以及用于约束文件编辑的 Constraint 等。Vivado 中也可以使用自定义的编辑器，例如 Notepad++、Sublime Text 等。

（2）综合

在硬件设计的综合阶段，Vivado 中包含了 Xilinx 自身提供的默认综合工具。此外还有更高层次的综合工具 HLS(high-level synthesis)，可将 C、C++和 System C 规范直接应用于 Xilinx 器件，且无须手动创建 RTL(register transfer level，寄存器传输级描述)，从而加速了设计实现的进程。

（3）仿真

在硬件的仿真上，Vivado 自带了一个具有图形化波形编辑功能的轻量级仿真工具 ISim。Vivado 还可与 Mentor 公司的 Modelsim 联合仿真，获得如数据导出、任意添加中间变量到波形图等更强大的功能。

在系统的实现以及对硬件的装载执行方面，Vivado 主要依赖自身的实现工具与装载工具。这部分工作与硬件紧密相关，依赖 Xilinx 公司自身硬件的特性来完成。

在本章的后面部分将通过一个具体的例子来为读者讲解 Vivado 工具的具体使用方法。在阅读本章后续内容的时候，读者需要有意识地去理解每一个步骤的作用和目的，以及每一个步骤如何对应到上述的各个开发阶段。

4.2 Vivado 用户界面与功能

Vivado2015.4 的主界面如图 4.2 所示，由上到下主要分为标题栏、菜单栏、工具栏、流程导航区、源码管理区、源码编辑区、信息显示等几部分。

用户主界面的主要部分简介如下：

（1）标题栏

主要显示当前项目(Project)的名称和当前打开的文件名称。在 Vivado 中，可以将硬件开发的流程组织成项目的形式，在项目中集合了源代码以及各种支持资源。

（2）菜单栏

主要包括文件(File)、编辑(Edit)、视图(View)、流程(Flow)、工具(Tools)、窗口(Window)、布局(Layout)和帮助(Help)8 个下拉菜单。其使用方法和常用的 Windows 软件类似。

（3）工具栏

主要包含了常用命令的快捷按钮。灵活运用工具栏可以极大地方便用户在 Vivado 中的操

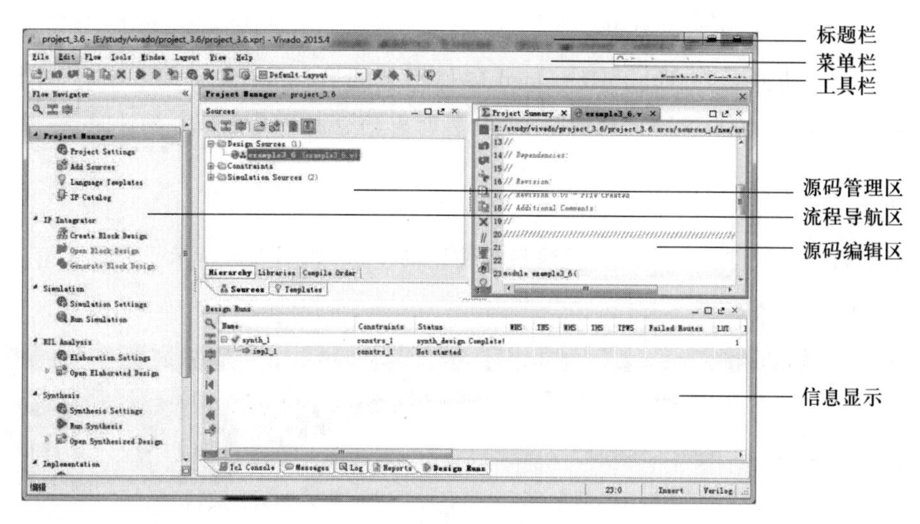

图 4.2　Vivado 的用户主界面

作。在项目管理中,此工具栏的运用非常频繁。

(4) 流程导航区

提供了项目流程管理功能,主要包括项目管理(Project Manager)、IP Integrator、仿真(Simulation)、RIL 分析(RIL Analysis)、综合(Synthesis)、实现(Implementation)。

(5) 源码管理区

对源代码文件分类管理,包括设计源码(Design Source)、约束(Constraints)、仿真源码(Simulation Sources),分类只与源码类型有关,与文件路径无关。

(6) 源码编辑区

编辑区提供了项目综述、文本编辑器、ISE 仿真器/波形编辑器、原理图编辑器功能。项目综述提供了关于该设计项目的更高级信息,包括信息概况、芯片资源利用报告、与布局布线相关性能数据、约束信息和总结信息等。源文件和其他文本文件可以通过设计人员指定的编辑工具打开。

(7) 信息显示

显示 Vivado 中的处理信息,如操作步骤信息、警告信息和错误信息等。如果设计出现了警告和错误,可以在消息区查看,双击错误信息,就能自动切换到源代码出错的地方。

用户主界面集成了在硬件开发的各个阶段所需要的信息和工具,随着开发过程的深入,开发者可以从主界面调用不同的开发工具来完成开发任务。

4.3　一个秒表计时器的设计实例

下面以一个秒表计时器的设计为例,说明如何使用 Vivado 创建项目并进行调试以及如何在

ThinPAD-Cloud 硬件平台上进行装载。

秒表计时器的功能是在 ThinPAD-Cloud 硬件平台的数码管上,实现一个秒表计时器,按 Reset 键时从 0 开始计时,每秒钟自动加 1,到 99 秒时自动返回到 0 重新开始计时。

4.3.1 创建空白项目

首先打开 Vivado 软件。Vivado 会记录最近使用的项目,如图 4.3 所示。如果是第一次启动,Recent Project 栏会为空。

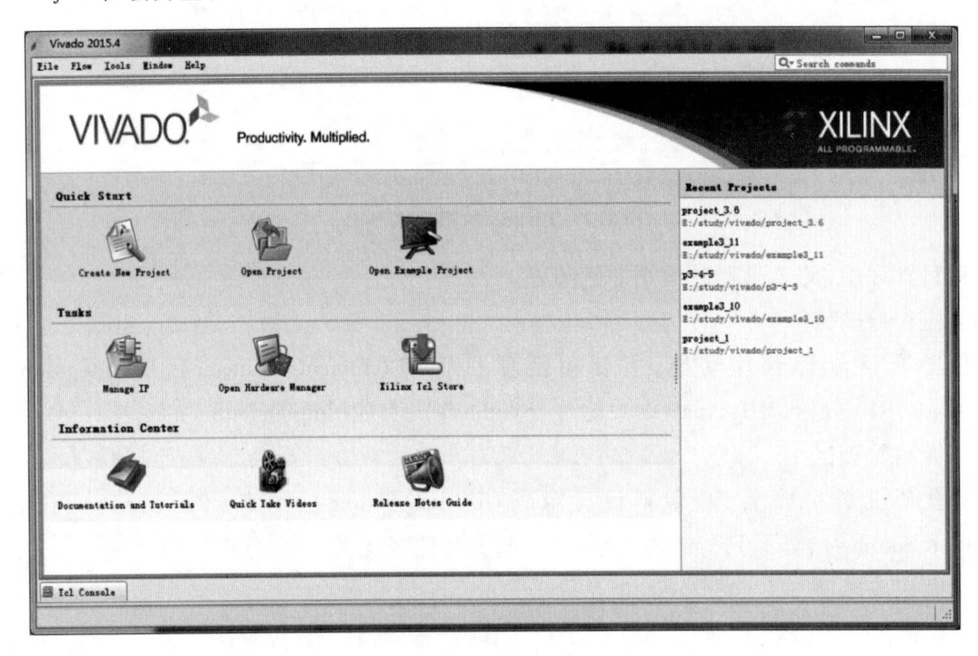

图 4.3 Vivado 入口界面

单击 Create New Project 按钮或者通过选择 File→New Project→Next,打开 New Project 对话框。在 New Project 对话框中的 Project name 处输入 clock。在 Project location 中单击浏览按钮,将项目放到指定目录,如图 4.4 所示。

单击 Next 按钮,出现 Project Type 对话框,这里选择第一项 RTL Project(寄存器转换级电路项目),从零开始编写项目,如图 4.5 所示。

单击 Next 按钮,出现芯片型号对话框,在这里面可以指定所选用的芯片。对话框中前 5 项为芯片类型,主要包括芯片系列、型号、管脚数、封装以及速度等相关的信息。这里所选用的硬件信息要与实际的芯片型号相匹配(请查阅开发板上的芯片型号)。一般来说,这些内容在所选用的芯片上都有标注,在实际的开发中根据芯片选择即可。在例子中,选择 Artix-7 系列的 xc7a100tfgg676-2L 型号芯片,如图 4.6 所示。

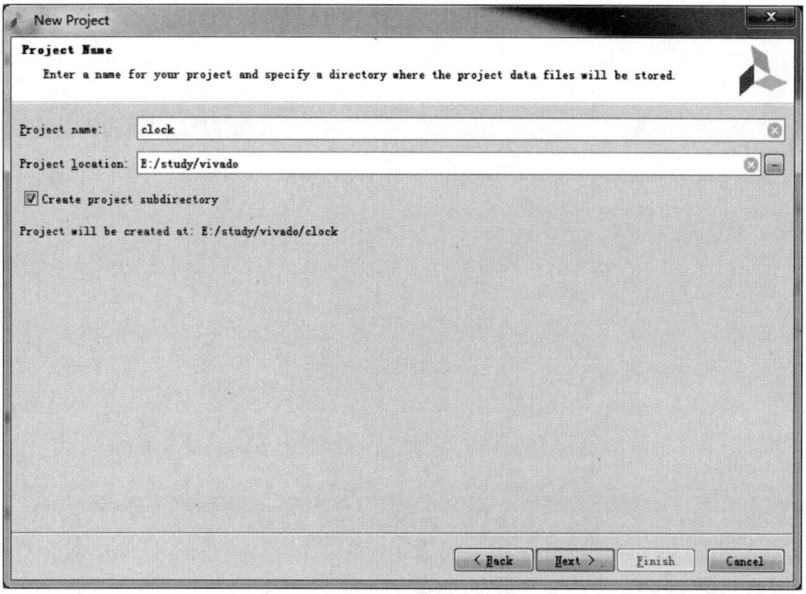

New Project

Project Name

Enter a name for your project and specify a directory where the project data files will be stored.

Project name: clock

Project location: E:/study/vivado

☑ Create project subdirectory

Project will be created at: E:/study/vivado/clock

< Back　Next >　Finish　Cancel

图 4.4　设定项目名称和位置

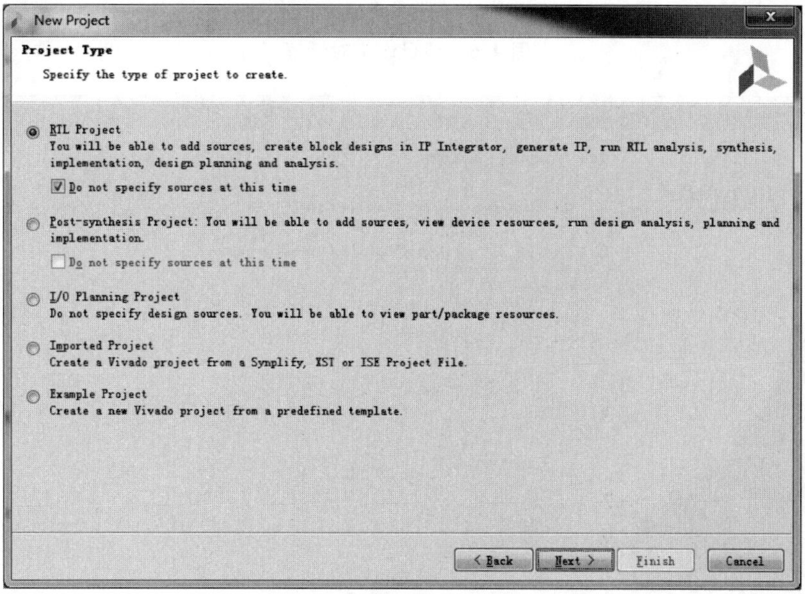

New Project

Project Type

Specify the type of project to create.

◉ RTL Project
You will be able to add sources, create block designs in IP Integrator, generate IP, run RTL analysis, synthesis, implementation, design planning and analysis.

☑ Do not specify sources at this time

○ Post-synthesis Project: You will be able to add sources, view device resources, run design analysis, planning and implementation.

☐ Do not specify sources at this time

○ I/O Planning Project
Do not specify design sources. You will be able to view part/package resources.

○ Imported Project
Create a Vivado project from a Synplify, XST or ISE Project File.

○ Example Project
Create a new Vivado project from a predefined template.

< Back　Next >　Finish　Cancel

图 4.5　项目类型对话框

单击 Next 按钮,出现 New Project Summary 对话框,这里显示了所创建项目的基本信息,如图 4.7 所示。在这个对话框中,可以再次检查在开发过程中设定的项目信息等是否正确。如果完全正确,单击 Finish 按钮,空白项目创建完成,在管理区内可以看到新创建的项目 clock,如图 4.8 所示。

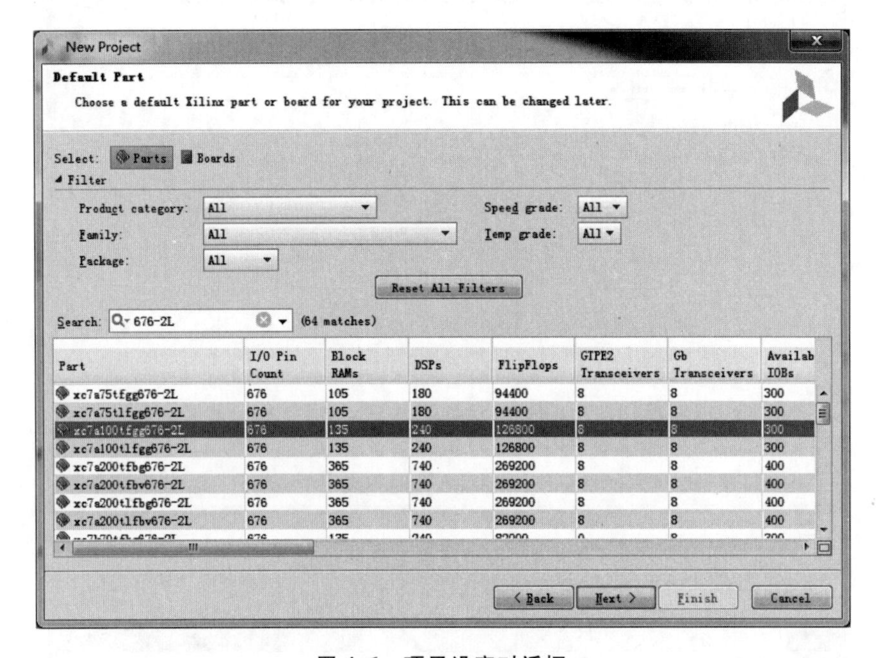

图 4.6 项目设定对话框

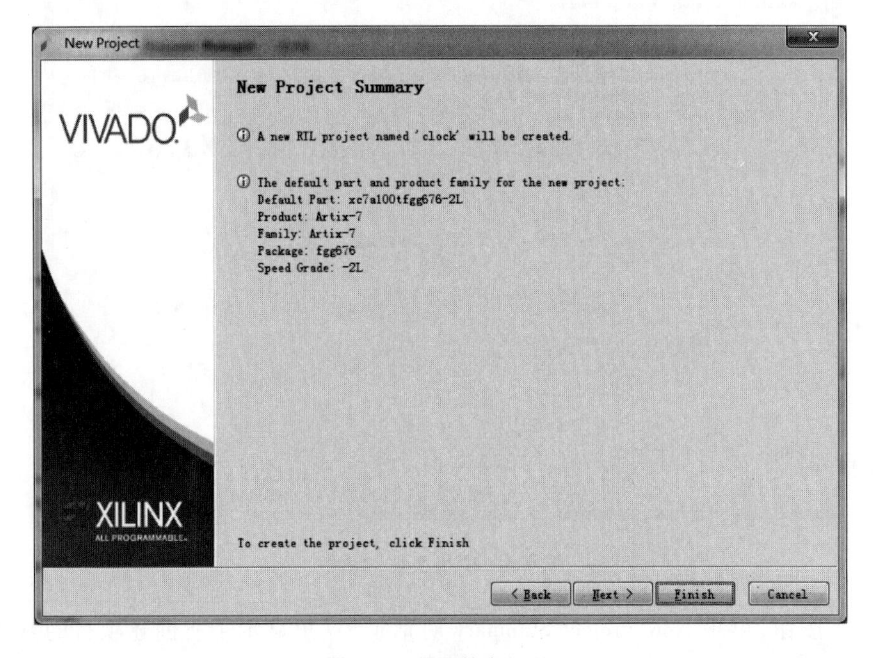

图 4.7 项目信息汇总

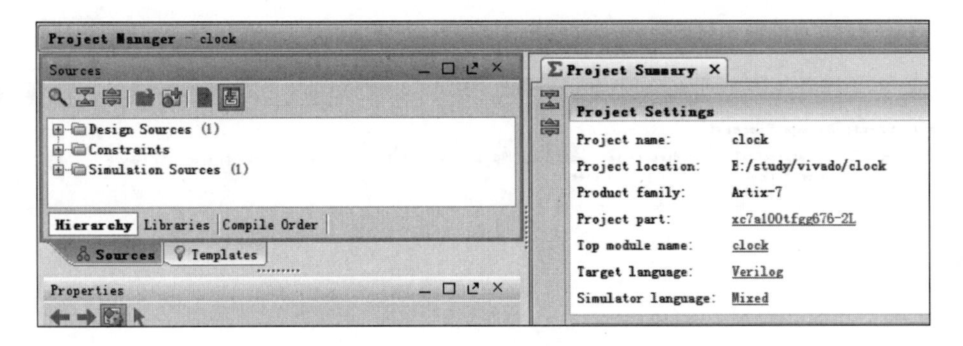

图 4.8　空白项目

空白的项目中没有任何的用户所输入的信息，但是在此过程已经完成了关于项目的很多信息的设置。在随后的开发过程中，就可以基于这个空白的项目加入源代码，开始进一步的开发。

4.3.2　添加源文件

下面开始给空白项目创建并添加源文件。在左边管理区单击 Add Sources，选择 New Source，出现选择源文件类型对话框，如图 4.9 所示。在此选择 Add or create design sources。

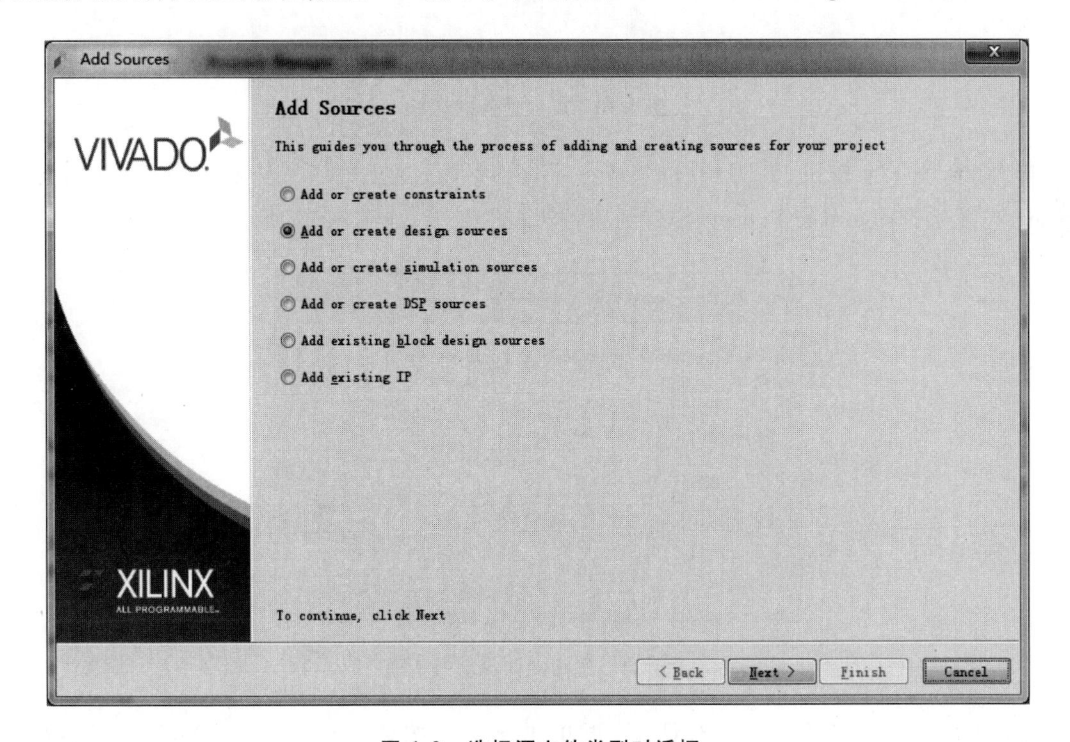

图 4.9　选择源文件类型对话框

单击 Next 按钮，出现 Add Sources 对话框，如图 4.10 所示。

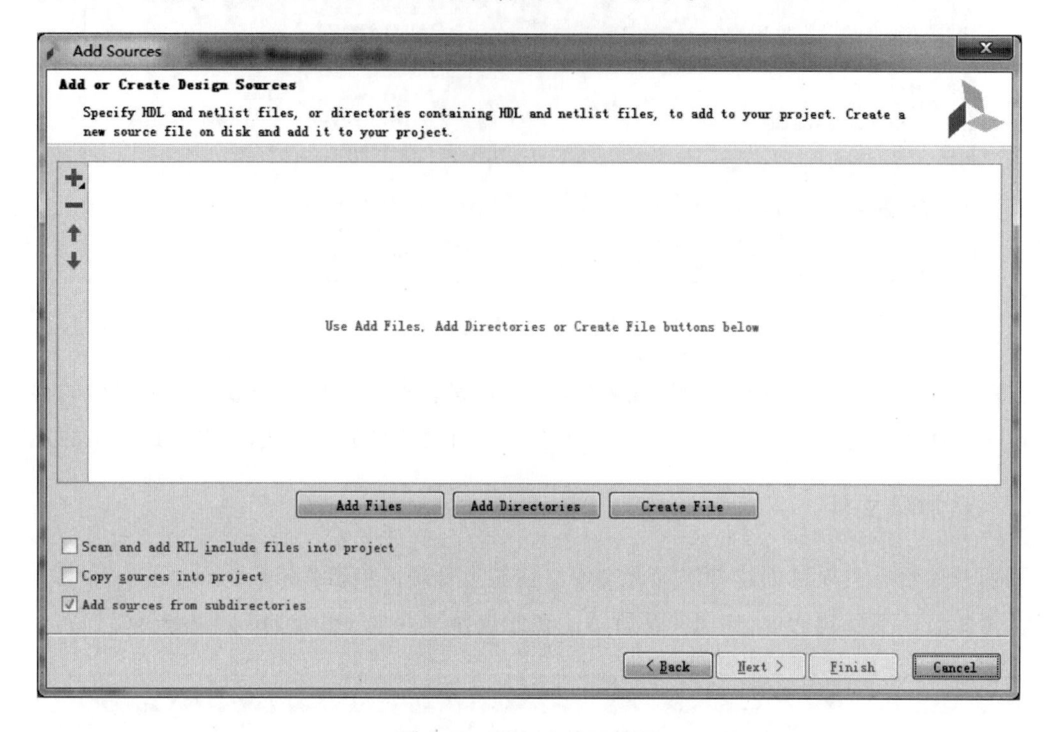

图 4.10　添加文件对话框

单击 Create File 按钮，出现 Create Source File 对话框，这里输入文件名 clock，文件类型选择 Verilog，位置选择<Local to Project>配置到项目所在的目录，如图 4.11 所示。

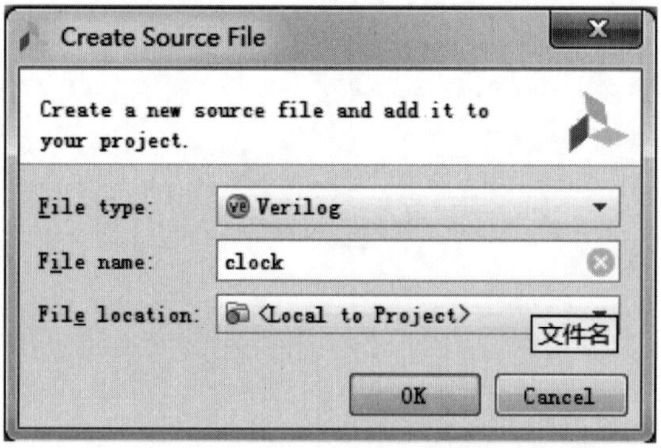

图 4.11　选择文件类型对话框

单击 OK 按钮，回到上一个对话框，再单击 Finish 按钮，出现 Define Module 对话框，如图 4.12 所示。在这个对话框的 Module name 中填写 clock，端口设置如图，也可以选择留空，之后在代码中写入。这里的端口就是该模块的输入/输出信号。

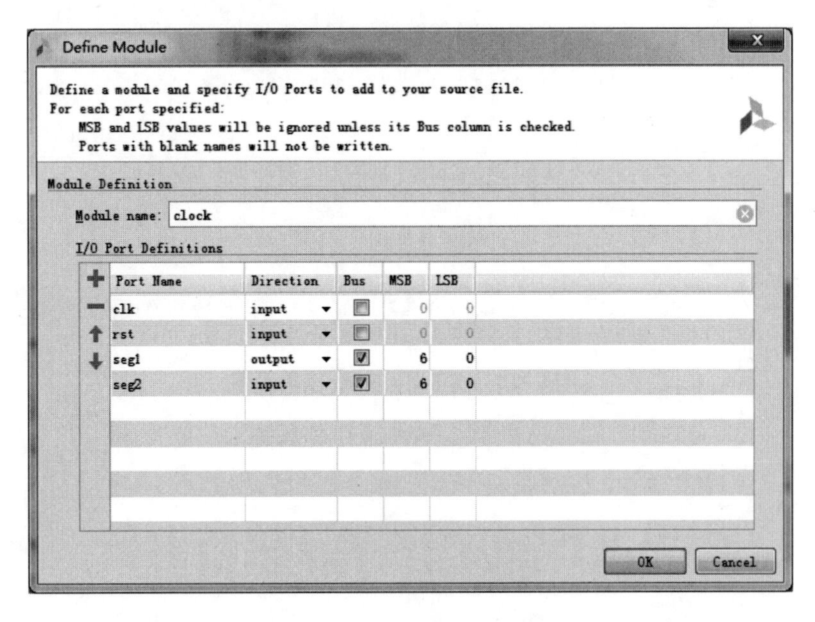

图 4.12 模块定义对话框

单击 OK 按钮,完成新文件创建,如图 4.13 所示。在源码管理区能看到新文件的名字,双击文件名,在编辑区内显示 Verilog 代码。这个时候还未输入任何代码,源文件中只包含了框架部分的代码,如输入/输出信号的定义。

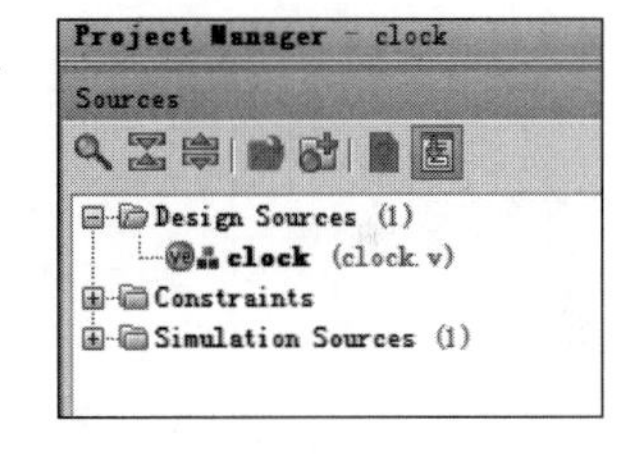

图 4.13 新文件添加完成

下一步就可以在编辑区内修改 Verilog 源代码,具体代码如下:

```
module clock(
    clk,
    rst,
    seg1,
    seg2
    );
    input wire clk;
    input wire rst;
    output reg[6:0] seg1;
    output reg[6:0] seg2;
    reg[3:0] cnt_L=4'b0000;
    reg[3:0] cnt_H=4'b0000;
    reg[25:0] cnt=26'b00000000000000000000000000;
    reg clk_out;
    reg[3:0] tmp_H=4'b0000;
    reg[3:0] tmp_L=4'b0000;
    always @ (posedge clk)
```

```
        begin
            cnt <=cnt + 1;
            if(cnt==  26'b00_0000_0000_0000_0000_0000_0000)
                clk_out <=0;
            if(cnt==26'b10_1111_1010_1111_0000_1000_0000)   /* 计数 50000000 次,1
秒钟 */
                begin
                    cnt <=26'b00_0000_0000_0000_0000_0000_0000;
                    clk_out <=1;
                end

        end
    always @ (posedge clk_out or posedge rst)     //将秒数转换成输出的格式
        begin
            if(rst==1)
                begin
                    tmp_H=4'b0000;
                    tmp_L=4'b0000;
                end
            else
                begin
                    tmp_L=cnt_L + 1;
                    if(tmp_L > 4'b1001)
                    begin
                        tmp_L=4'b0000;
                        tmp_H=cnt_H + 1;
                        if (tmp_H > 4'b1001)
                            tmp_H=4'b0000;
                    end
                end
            cnt_L=tmp_L;
            cnt_H=tmp_H;
        end
    always @ (cnt_L)                              //将秒表的个位数输出到数码管
        begin
            case(cnt_L)
                4'b0000: seg1=7'b0111111;
                4'b0001: seg1=7'b0000110;
                4'b0010: seg1=7'b1011011;
                4'b0011: seg1=7'b1001111;
                4'b0100: seg1=7'b1100110;
                4'b0101: seg1=7'b1101101;
                4'b0110: seg1=7'b1111101;
                4'b0111: seg1=7'b0000111;
                4'b1000: seg1=7'b1111111;
                4'b1001: seg1=7'b1101111;
                default: seg1=7'b0000000;
            endcase
        end
    always @ (cnt_H)                              //将秒表的十位数输出到数码管
        begin
            case(cnt_H)
```

```
                4'b0000: seg2 = 7'b0111111;
                4'b0001: seg2 = 7'b0000110;
                4'b0010: seg2 = 7'b1011011;
                4'b0011: seg2 = 7'b1001111;
                4'b0100: seg2 = 7'b1100110;
                4'b0101: seg2 = 7'b1101101;
                4'b0110: seg2 = 7'b1111101;
                4'b0111: seg2 = 7'b0000111;
                4'b1000: seg2 = 7'b1111111;
                4'b1001: seg2 = 7'b1101111;
                default: seg2 = 7'b0000000;
            endcase
        end
endmodule
```

上述的代码就是一个秒表计数器的代码。这个秒表计数器每秒计数一次,99 秒后回到 0 重新开始计数。系统的输入为外部时钟的输入,系统的输出为两个 7 段数码管。由于外部的时钟频率非常高,在代码中依据 1 秒的时间要求进行延迟。读者应当首先熟悉 Verilog 语言,再去阅读上述的代码,代码本身非常简单直观。

4.3.3 综合与功能仿真

在完成上述的代码编辑之后,就可以尝试对代码进行编译,以获得二进制模块。在集成电路设计领域,这个步骤被称为综合。综合就是设计人员使用高级设计语言对系统逻辑功能进行描述后,在包含众多结构、功能、性能均已知的逻辑单元库的支持下,将其转换成使用这些基本的逻辑单元组成的逻辑网络结构实现。这个过程一方面在保证系统逻辑功能的情况下进行高级设计语言到逻辑网表的转换,另一方面是根据约束条件对逻辑网表进行时序和面积的优化。综合过程中,主要执行以下 3 个步骤。

① 语法检查过程,检查设计文件语法是否有错误。

② 编译过程,翻译和优化 Verilog 代码,将其转换为综合工具可以识别的元件序列。

③ 映射过程,将这些可识别的元件序列转换为可识别的目标基本元件。

Vivado 中的综合操作如图 4.14 所示,只要单击 Run Synthesis 就开始综合操作。当综合结束后,工具栏右侧会显示 Synthesis Complete。如果综合失败会弹出对话框,并在 Message 区显示错误与警告信息,此时需要开发人员根据情况进行处理。

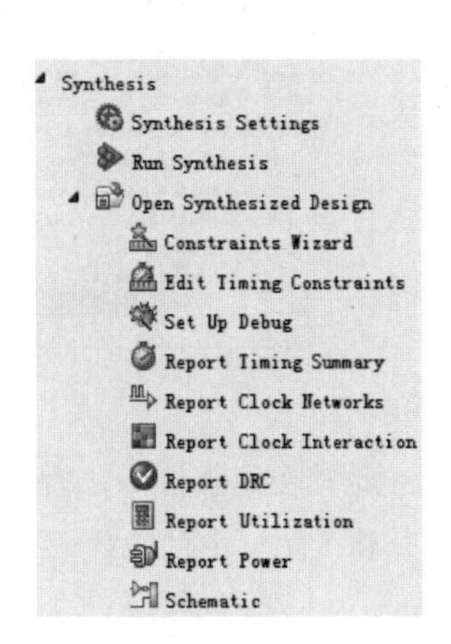

图 4.14　综合操作

综合完成后,就可以进行功能仿真,在软件模拟的条件下观察设计实现是否正确。当然这一步不是必需的,若只想尽快看到装载到实验板上的结果,这一步可跳过。实际上软件模拟要比硬件执行方便得多,仿真正确的代码更容易在实际硬件环境中执行正确,缩短开发周期。建议在实验的过程中,尽可能先进行仿真,仿真正确之后再装载到实际硬件中执行。

为了执行仿真过程,首先单击 Add Sources,选择 Add or create simulation sources,如图 4.15 所示。

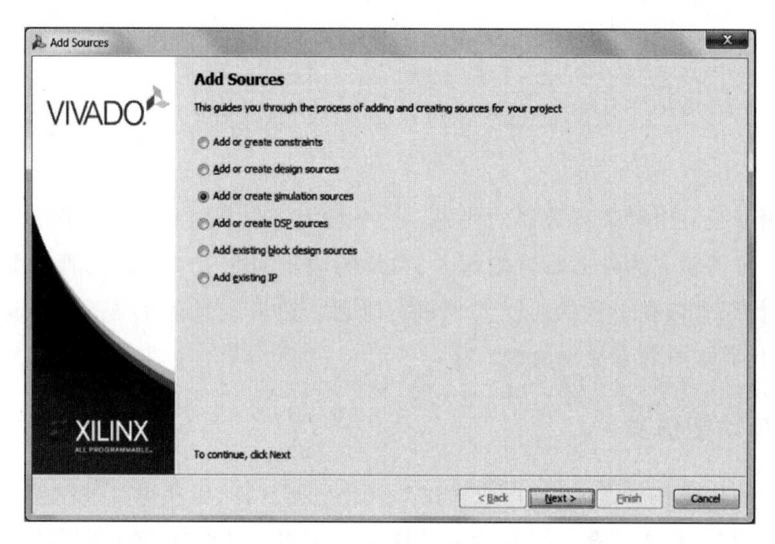

图 4.15　创建仿真源码

后续过程与创建设计源码文件过程类似,文件名设置为 test,模块名设置为 test,模块定义中端口留空。

创建完成后,在源码区找到 test 文件,双击开始编辑,如图 4.16 所示。

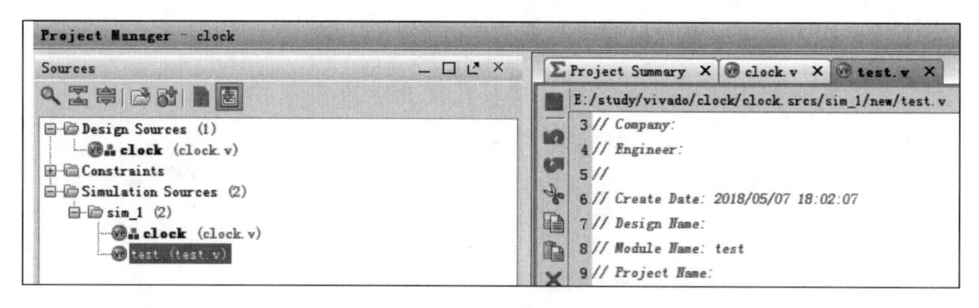

图 4.16　仿真源码创建完成

此时在编辑区中出现了 test.v 的源代码,可以修改其中的代码进行仿真测试。

将 test.v 中的源代码修改如下:

```
'timescale 1ns /1ps
module test();
```

```
reg clk;
reg rst;
wire[6:0] seg1,seg2;
initial begin
    clk=0;
    rst=1;
    #100;
    rst=0;
    forever #10 clk= ~clk;
end
clock test_clock(
    .clk(clk),
    .rst(rst),
    .seg1(seg1),
    .seg2(seg2)
);
endmodule
```

上述代码的主要作用是为模块加入输入信号,通过模拟的方式创建一个 50 MHz 的时钟并加入一个复位信号。实际的硬件电路也需要这样的两个信号作为输入。

在这里需要稍微解释一下关于仿真部分的代码。程序的第 1 行 'timescale 1ns/1ps 是关于时间参数的设置。这条语句是在 Verilog HDL 语言中的关于时间的预编译语句,用来定义仿真的时间单位和时间精度。语句的格式如下:

```
'timescale 仿真时间单位/时间精度
```

仿真时间单位是后续使用的时间对应的单位。例如,仿真的时间单位是 1 ns,那么后续的 #100 就代表延迟 100 ns,而 forever #10 clk= ~clk;则表示每延迟 10 个 ns 就将 clk 信号反向。clk 信号即为时钟信号,周期为 20 ns,即 50 MHz。时间精度是在仿真时时间和延时的精确程度。在上述代码中,时间的精度是 1 ps,仿真时序中的延时能够精确到 1ps。另外,这里的仿真时间单位和时间精度的数字只能是 1、10 或者 100,不能是其他数字,并且时间精度不能比时间单位大。

在完成上述工作之后,可以单击 Run Simulation 进行仿真了。此时会弹出仿真选项,再选择 Run Behavioral Simulation,如图 4.17 所示。

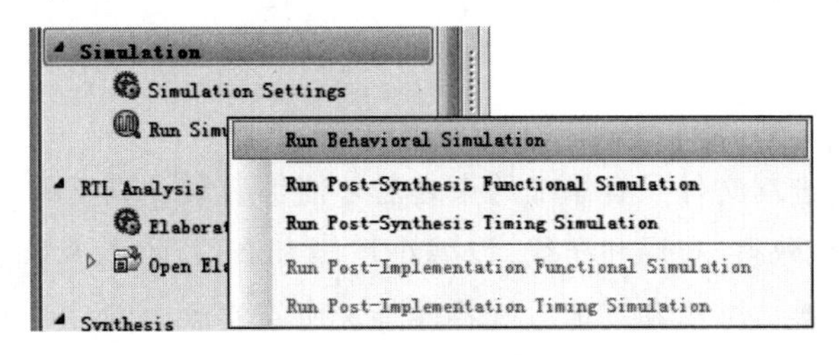

图 4.17　开始仿真

仿真结束后,会出现仿真窗口给出仿真的结果,即各个输出信号随着时间变化的情况,如图 4.18 所示。

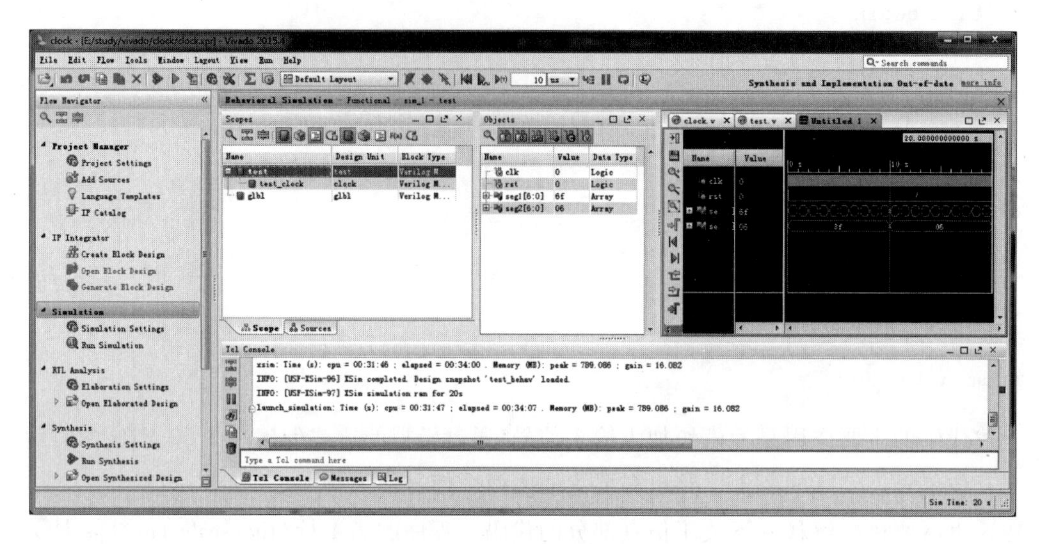

图 4.18　仿真结果窗口

由于是秒表程序,每仿真 1 秒才会出现变化,因此仿真过程比较慢,如图 4.19 所示。从上面的结果可以看出,输出 seg1 是每秒变化一次,也是按照 7 段数码管的数值对应变化的,如十六进制下 3f 等于二进制 0111111,对应显示数字 0。

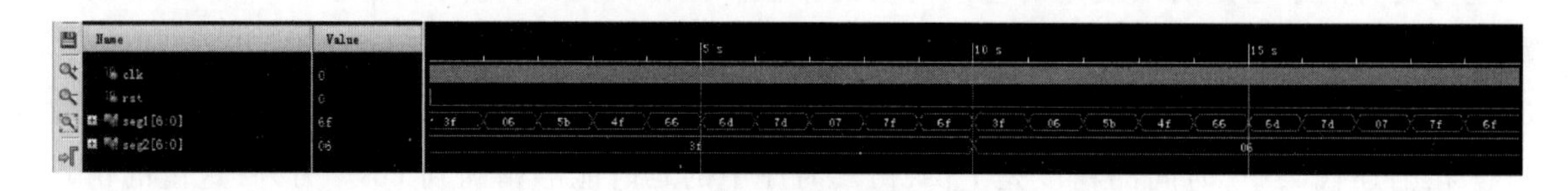

图 4.19　仿真结果

上面的仿真都是行为仿真,也称为前仿真,这种仿真没有将信号延时加入,离实际的硬件还有一定的差距。功能仿真可以用来验证设计的功能,但不能用来检查严格的时序,而时序仿真(后仿真)则是将延时加入,更接近实际硬件的运行。

4.3.4　添加约束

综合完成之后的二进制文件只有添加约束之后才能够装载到真正硬件中执行。通过附加约束可以控制逻辑的综合、映射、布局和布线,以减小逻辑和布线延时,从而提高工作频率,还可以指定 I/O 引脚所支持的接口标准和其他电气特性等。所有实验中的一项重要的约束即为管脚约束,本节只介绍如何对设计进行管脚约束。管脚约束目标是将实现的硬件模块的输入/输出信号与对应的硬件电路板的导线对应绑定起来。在例子中，秒表的一个输入为时钟信号，最终需要和外部的石英晶振绑定在一起；一个是复位信号，需要与复位开关绑定在一起。秒表的输出信号是两个 7 段数码管，以显示计数，这就需要和两个 7 段数码管的控制信号绑定在一起。

为了添加管脚约束，这里需要在管理区中单击 Add Sources，选择 Add or Create Constraints 选项，单击 Next 按钮，再单击 Create File，输入文件名 clock，如图 4.20 所示。

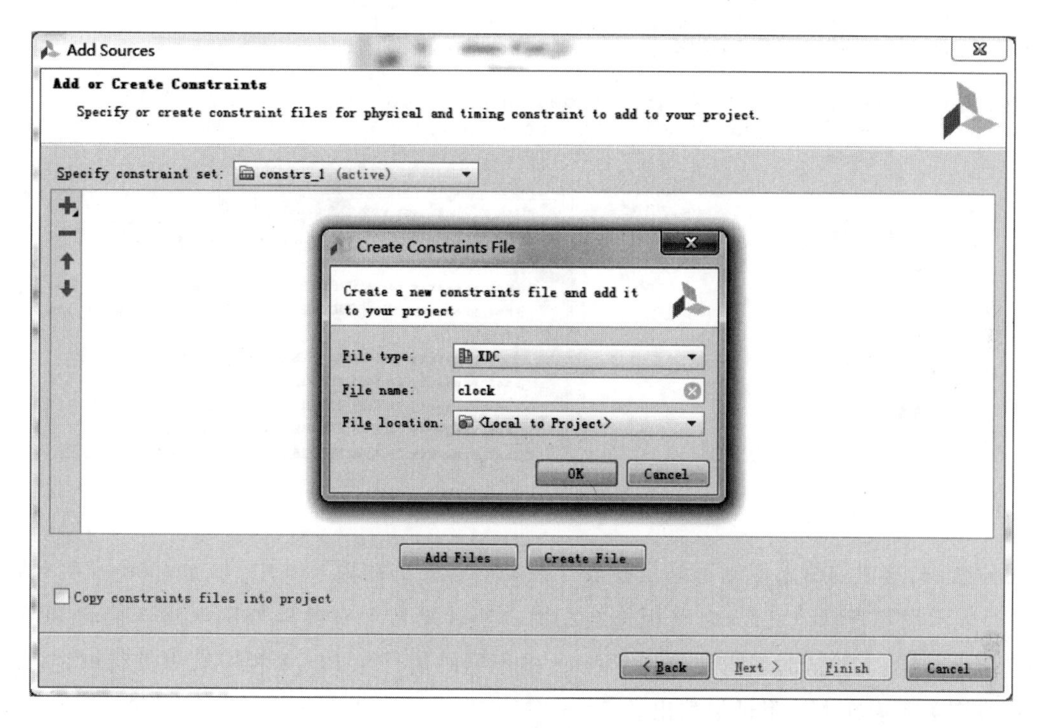

图 4.20　添加约束文件

单击 Finish 按钮，可以在源码区 Constraints 下找到 clock.xdc，如图 4.21 所示。双击打开，将 clock.xdc 的源码修改如下：

```
#Clock
set_property-dict {PACKAGE_PIN D18 IOSTANDARD LVCMOS33} [get_ports clk] ;#50MHz
main clock in
set_property-dict {PACKAGE_PIN F22 IOSTANDARD LVCMOS33} [get_ports rst] ;#BTN6
#DPY0
set_property IOSTANDARD LVCMOS33 [get_ports seg1[ * ]]
set_property PACKAGE_PIN F15 [get_ports {seg1[2]}]
set_property PACKAGE_PIN H15 [get_ports {seg1[3]}]
set_property PACKAGE_PIN G15 [get_ports {seg1[4]}]
set_property PACKAGE_PIN H16 [get_ports {seg1[1]}]
set_property PACKAGE_PIN H14 [get_ports {seg1[0]}]
set_property PACKAGE_PIN G19 [get_ports {seg1[5]}]
```

```
set_property PACKAGE_PIN J8 [get_ports {seg1[6]}]
#DPY2
set_property IOSTANDARD LVCMOS33 [get_ports seg2[*]]
set_property PACKAGE_PIN G8 [get_ports {seg2[2]}]
set_property PACKAGE_PIN G7 [get_ports {seg2[3]}]
set_property PACKAGE_PIN G6 [get_ports {seg2[4]}]
set_property PACKAGE_PIN D6 [get_ports {seg2[1]}]
set_property PACKAGE_PIN E5 [get_ports {seg2[0]}]
set_property PACKAGE_PIN F4 [get_ports {seg2[5]}]
set_property PACKAGE_PIN G5 [get_ports {seg2[6]}]

set_property CFGBVS VCCO [current_design]
set_property CONFIG_VOLTAGE 3.3 [current_design]
```

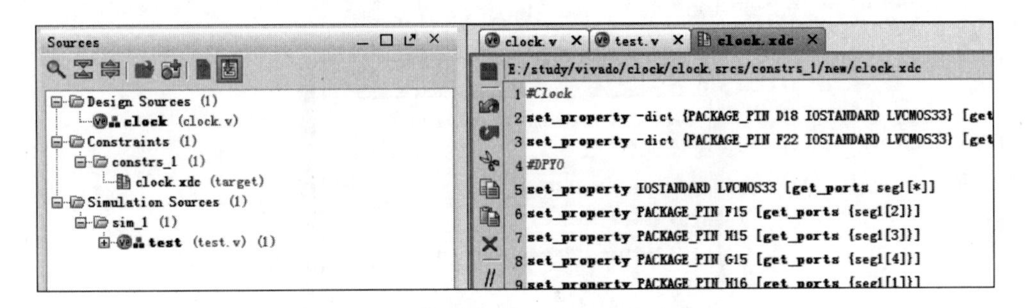

图 4.21　编辑约束文件

可以看到，这里的约束示例正好是秒表计数器所需要的约束。其中 set_property PACKAGE_PIN 命令表示设置管脚约束，与电路板连线相关。实验平台上有各种外围电路连接到 FPGA 的不同管脚上，进行实验的时候需要选择 Verilog 中不同的信号与 FPGA 相应管脚进行绑定。完整的管脚绑定关系表在本书附录中列出。

最后两条命令 set_property CFGBVS 和 set_property CONFIG_VOLTAGE 设置了 FPGA 配置电路的供电方式，它们由电路板硬件设计得出，在各个实验中不需要更改。

4.3.5　实现

完成约束之后，就可以将开发的硬件模块进行最后的实现。实现就是将逻辑网表翻译成底层模块与硬件原语，将设计映射到器件结构上，进行布局布线。实现阶段可以分为翻译（Translate）、映射（Map）、布局布线（Place&Route）三步。

（1）翻译

把多个设计文件合并成一个单独的网表文件。

（2）映射

把网表中的门级逻辑映射到物理器件资源上。

(3) 布局布线

把映射中的物理器件资源在器件上布局，并用布线资源连接起来，把时序数据写入到时序报告中。

在管理区中单击 Run Implementation 开始实现，如图 4.22 所示。实现成功后，设计会有延时信息，之后就可以进行时序的后仿真了。

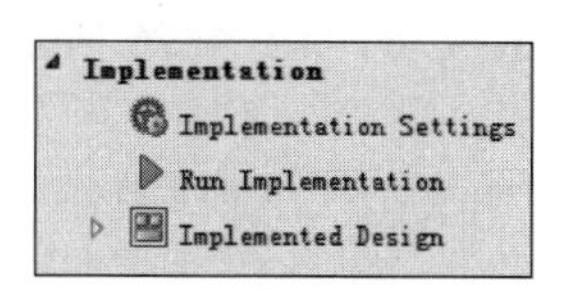

图 4.22 实现按钮

4.3.6 装载执行

基于 Vivado 的 FPGA 开发流程，最后的步骤就是二进制文件的装载。装载就是将设计、综合、约束、实现之后的二进制程序下载到实际的 FPGA 芯片中，开始实际的运行和测试。在进行这个阶段之前，需要生成装载文件并连接到下载电路。

单击管理区中的 Generate Bitstream 选项，生成可装载的文件，如图 4.23 所示。

对于本地实验板用户，按照第 1 章的说明用 USB 线将计算机和 ThinPAD-Cloud 电路板相连，然后给电路板加电。等待电路板启动后，打开浏览器，访问 192.168.8.8（这是默认的 ThinPAD-Cloud 实验板地址），进入 ThinPAD-Cloud 控制面板，如图 4.24 所示。

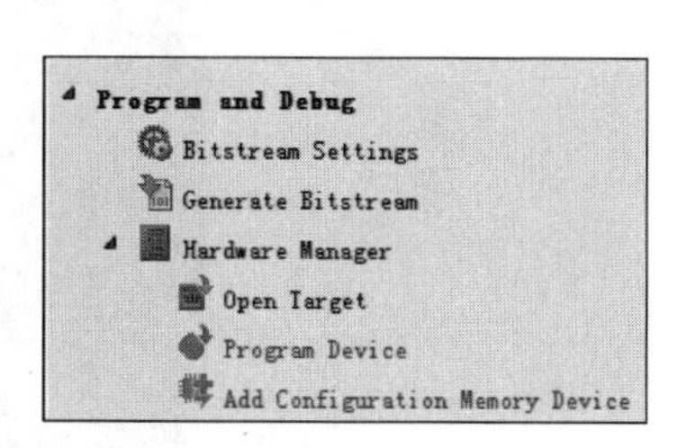

图 4.23 生成可配置文件

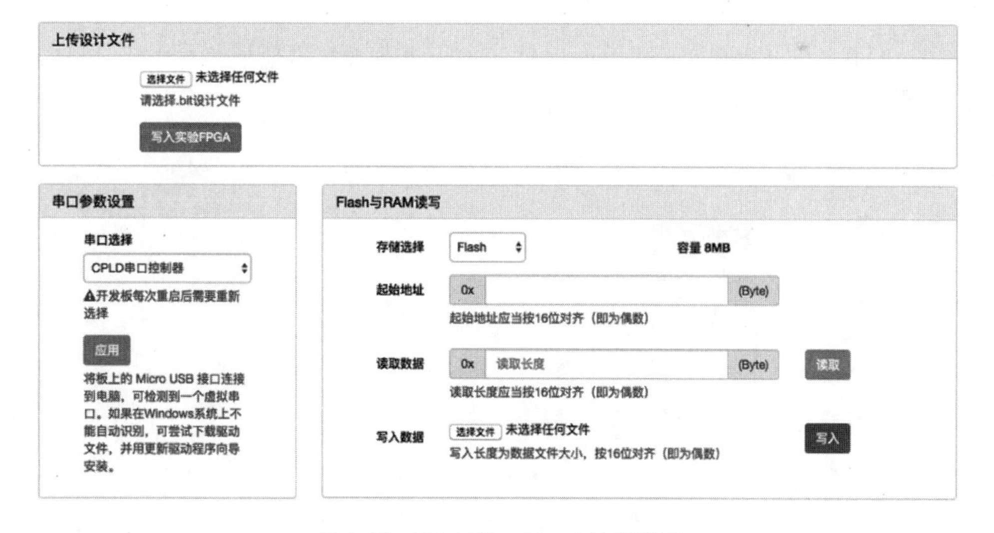

图 4.24 ThinPAD-Cloud 控制面板

在上方“上传设计文件”里单击“选择文件”按钮，找到 clock 项目路径下 clock.runs/impl_1 文件夹中的 clock.bit。单击“写入实验 FPGA”按钮，如图 4.25 所示。出现“写入成功”字样表示装载成功，如图 4.26 所示。

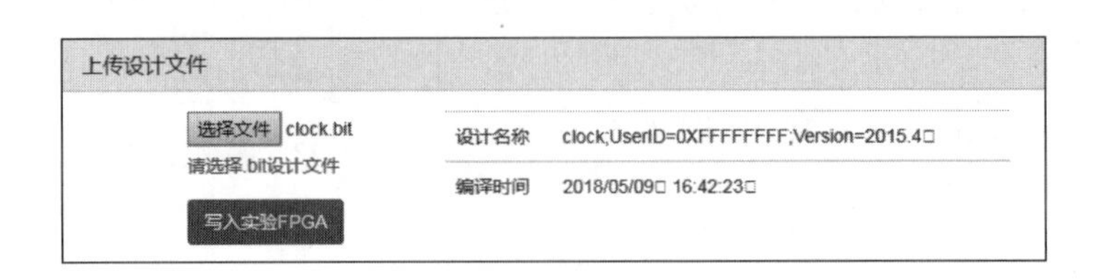

图 4.25 准备写入

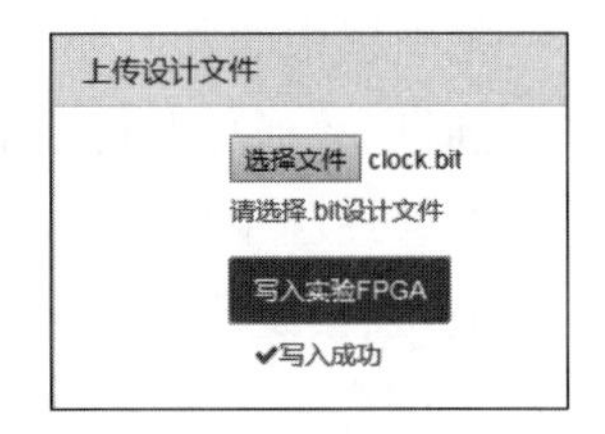

图 4.26 写入成功

装载成功后，可以看到 ThinPAD-Cloud 上的两个 7 段数码管显示出数字，从 0～99 循环显示，如图 4.27 所示。

图 4.27 秒表示例

对于 ThinPAD-Cloud 远程实验平台的用户，访问远程实验平台地址并登录后，选择 clock.bit 文件并单击“上传并开始”按钮。如图 4.28 所示。

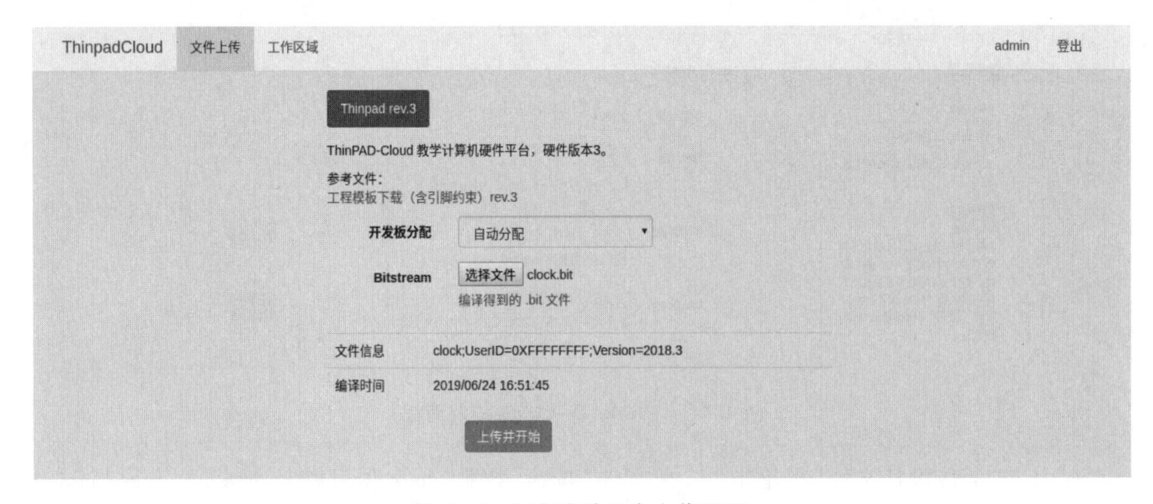

图 4.28 远程实验平台上传页面

上传成功后页面自动跳转到工作区域,这时可以看到一个与本地实验板外观相似的界面,如图 4.29 所示。界面上显示的结果与本地实验板一致。

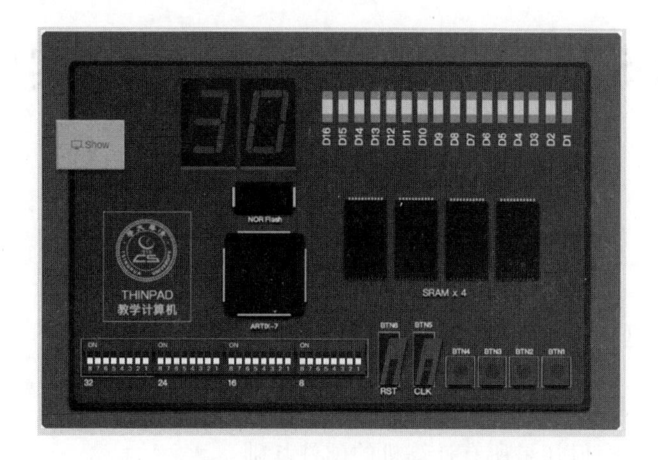

图 4.29　远程实验平台工作区域

至此,通过一个完整的项目介绍了 Vivado 工具在各个开发阶段中的作用。本书的各个实验流程大致与此相当,建议读者将本章的例子作为实验项目的模板,实际走通这个简单的例子,以获得硬件开发的初步认识。

第5章 计算机系统部件实验

5.1 算术逻辑部件(ALU)实验

算术逻辑部件(ALU)是计算机的核心功能部件,完成数据的算术和逻辑运算,功能和结构相对简单,实现也不太复杂,但却是所有计算机的硬件基础。

1. 实验目的

① 熟悉硬件描述语言及开发环境,了解硬件系统开发的基本过程。

② 掌握 ALU 基本设计方法和简单运算器的数据传送通路。

③ 验证 ALU 的功能。

2. 实验环境

① 硬件环境:个人计算机,Windows 7 及以上操作系统;ThinPAD-Cloud 实验平台。

② 软件环境:FPGA 开发工具软件 Vivado。

3. 实验内容

① 根据实验原理中的要求,用 Verilog 语言实现一个简单的 ALU。

② 在 ThinPAD-Cloud 实验平台上验证实现的 ALU 的功能。

4. 实验原理

本实验通过设计一个简单的 ALU 更直观地介绍数据通路和 ALU 的工作原理,并希望通过该实验熟悉 Verilog 硬件描述语言,为接下来的实验学习打好基础。

算术逻辑部件(ALU)的主要功能是对二进制数据进行定点算术运算、逻辑运算和各种移位操作等。算术运算包括定点加减乘除运算;逻辑运算主要有逻辑**与**、逻辑**或**、逻辑**异或**和逻辑**非**等操作。ALU 通常有 A 和 B 两个数据输入端,一个数据输出端 Y 以及标志位输出结果,通过输入操作码 op 来确定所要进行的操作。本实验通过实现一个状态机,根据状态机状态的变化来输入操作数及操作码,并最终实现不同的运算,将结果和标志位呈现出来。

本实验中的 ALU 要求实现基本的算术运算、逻辑运算、移位运算等,具体功能如表 5.1 所示。

表 5.1　ALU 的具体功能

操作码	功能	描述
ADD	A+B	加法
SUB	A-B	减法
AND	A and B	与
OR	A or B	或
XOR	A xor B	与或
NOT	not A	取非
SLL	A sll B	逻辑左移 B 位
SRL	A srl B	逻辑右移 B 位
SRA	A sra B	算数右移 B 位
ROL	A rol B	循环左移 B 位

要求：ALU 的数据输入 A、B 的长度为 16 位，操作码 op 为 4 位，算术运算时数据用补码表示。

5. 主要实验步骤

本实验通过 Verilog 语言实现一个比较简单的 ALU 模块，如图 5.1 所示。

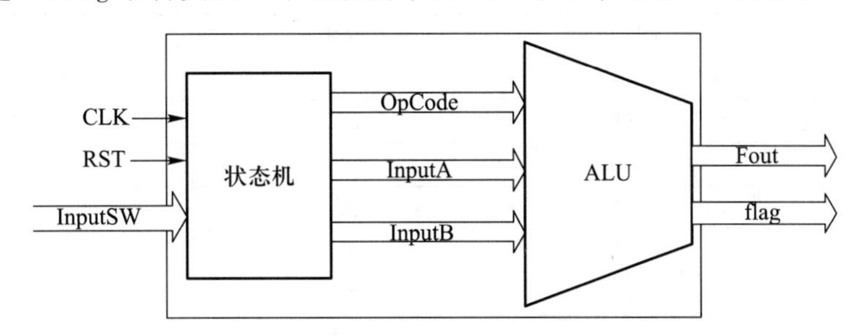

图 5.1　ALU 模块的结构

利用 ThinPAD-Cloud 实验平台完成 ALU 功能的验证，具体步骤如下。

① 用 Verilog 语言编写 ALU 功能代码，并用状态机对其进行控制，使其完成实验要求的操作。操作码和操作数的输入用微型开关 SW0 ~ SW15，计算结果的输出用实验平台上的 LED 灯来显示。

② 将代码下载到实验平台的 FPGA 芯片中，并调试完成。

③ 在 ThinPAD-Cloud 实验平台上运行时，复位和时钟均用手动开关或按钮，便于演示。操作码和操作数在拨码开关 SW0 ~ SW15 上输入；为便于观察和调试，每次 ALU 得到操作数，最好显示在 LED 上。最后的运算结果在 LED(L0 ~ L15)上显示，标志位可自行选择显示方法。

④ 状态机设计如图 5.2 所示。

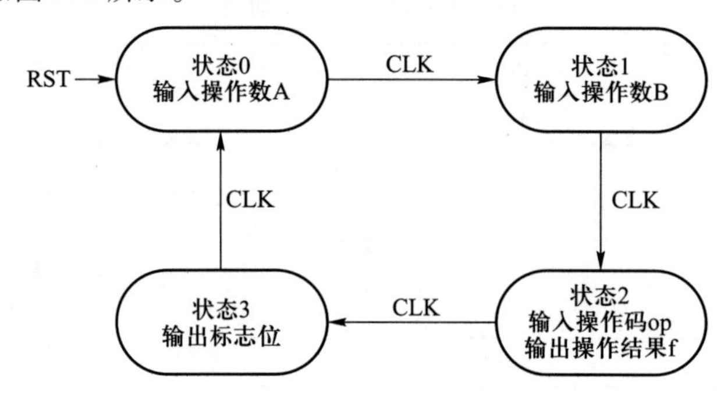

图 5.2　控制 ALU 功能的状态机

⑤ 记录实验结果。

注意：

ThinPAD-Cloud 实验平台上拨码开关 SW0～SW15 的 ON 端表示 1,相反表示 0;时钟和复位按钮 CLK、RST 均是按下为 1,放开为 0。

管脚分配表如表 5.2 所示。

表 5.2　ALU 实验管脚分配表

端口性质	端口	管脚	说明
输入	CLK	H19	单步时钟 CLK
	RST	F22	复位键 RST
	SW0	N3	数据及操作码输入
	SW1	N4	
	SW2	P3	
	SW3	P4	
	SW4	R5	
	SW5	T7	
	SW6	R8	
	SW7	T8	
	SW8	N2	
	SW9	N1	
	SW10	P1	
	SW11	R2	
	SW12	R1	
	SW13	T2	
	SW14	U1	
	SW15	U2	

续表

端口性质	端口	管脚	说明
输出	L0	A17	发光二极管(LED) 运算结果及标志位输出
	L1	G16	
	L2	E16	
	L3	H17	
	L4	G17	
	L5	F18	
	L6	F19	
	L7	F20	
	L8	C17	
	L9	F17	
	L10	B17	
	L11	D19	
	L12	A18	
	L13	A19	
	L14	E17	
	L15	E18	

6. 实验数据

将实验过程中进行的操作与结果数据记录如下：

输入数据			实际输出		与预期一致性
操作码	操作数 A	操作数 B	运算结果	标志位	

7. 思考题

① ALU 进行算术逻辑运算所使用的电路是组合逻辑电路，还是时序逻辑电路？

② 如果给定了 A 和 B 的初值,且每次运算完后结果都写入到 B 中,再进行下次运算。这样一个带暂存功能的 ALU 需要增加一些什么电路来实现?

5.2 寄存器堆实验

处理器内部通常包含若干个通用寄存器,用于暂存参与运算的数据和中间结果,一般来说,寄存器数量少,速度快。寄存器堆是寄存器的集合,为方便访问其中的寄存器,对寄存器堆中的寄存器进行统一编码,称为寄存器号或者寄存器地址,每个寄存器均通过制定寄存器号进行访问。

1. 实验目的

① 掌握寄存器堆的基本设计方法和寄存器访问方式。

② 验证寄存器堆的功能。

2. 实验环境

① 硬件环境:个人计算机,Windows 7 及以上操作系统;ThinPAD-Cloud 实验平台。

② 软件环境:FPGA 开发工具软件 Vivado。

3. 实验内容

使用 ThinPAD-Cloud 实验平台上的 FPGA 芯片,设计一个 16×16 位的寄存器堆,即含有 16 个寄存器,每个寄存器 16 位。该寄存器堆有两个读端口、1 个写端口,即能够同时读出两个寄存器的值,写入 1 个寄存器。读操作不需要时钟控制,写操作需要在时钟上升沿写入。最后,在 ThinPAD-Cloud 实验平台上验证实现的寄存器堆的功能。

4. 实验原理

本实验通过设计一个 16×16 位的寄存器堆来介绍寄存器堆的工作原理,16 位的设计只是为了实验方便,后续可根据需要自行扩展成 32 位的寄存器堆。

寄存器堆有两个读端口,分别对应源寄存器 rs 和目的寄存器 rd,各为 4 位的寄存器编号,reg_src 和 reg_dst 这两个寄存器的内容即为寄存器堆的输出 A 和 B,均为 16 位,一般在 CPU 中,A、B 是 ALU 的两个操作数。寄存器堆的读操作属于组合逻辑操作,不需要时钟控制。

寄存器堆有 1 个写端口,写操作属于时序逻辑操作,需要 CLK 时钟信号的控制,当写信号 wr 有效的时候,在 CLK 上升沿完成数据 data_in 的写入,因此写操作需要有写信号 wr、写入的寄存器号 reg_wb 和写入的数据 data_in,这些输入信号分别为 1 位、4 位和 16 位。

由于 ThinPAD-Cloud 实验平台上的显示发光二极管只有 16 个,在本实验中需要增加一个二选一的选择器通过 sel 信号来选择发光二极管 data_out 上显示的是 A 还是 B 的内容,因此寄存器堆的模块结构如图 5.3 所示。

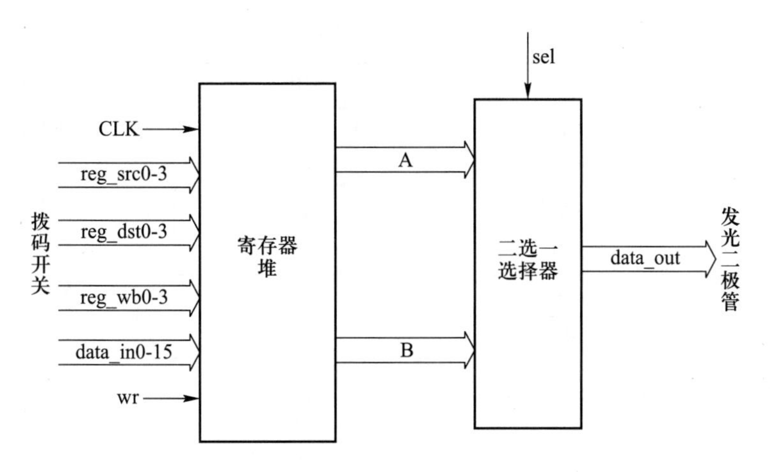

图 5.3　寄存器堆的模块结构

5. 主要实验步骤

本实验使用拨码开关作为寄存器堆的输入，发光二极管作为输出，根据实验要求，在 FPGA 中实现寄存器堆和数据选择器。具体步骤如下。

(1) 定义信号

① 拨码开关绑定为读写寄存器号、数据及控制信号，时钟绑定为手动时钟。

② 绑定 LED 灯，用来显示从寄存器堆读出的数据。

(2) 验证过程

① 将编译好的寄存器堆和数据选择器模块烧入实验板。

② 写寄存器堆中的寄存器。用手拨动拨码开关，预设一个值，作为写入寄存器的数据，指定要写入的寄存器号，并将写控制信号 wr 对应的开关设定为写有效，通过时钟将数据写入相应的寄存器；可反复多次将多个数据写入不同的寄存器。

③ 读寄存器堆中的寄存器。用手拨动拨码开关，设定源寄存器和目的寄存器的编号，同时设定数据选择器的选择信号，注意观察 LED 上显示的数据是否正确。

④ 可以重复进行多次寄存器堆的读写访问。

⑤ 记录实验结果。

注意：

ThinPAD-Cloud 实验平台上拨码开关 SW0 ~ SW31 的 ON 端表示 1，相反表示 0；时钟和复位按钮 CLK、RST 均是按下为 1，放开为 0。

管脚分配表如表 5.3 所示。

表 5.3　寄存器堆实验管脚分配表

端口性质	端口	管脚	说明
输入	CLK	H19	单步时钟 CLK
	SW0	N3	写入数据 data_in
	SW1	N4	
	SW2	P3	
	SW3	P4	
	SW4	R5	
	SW5	T7	
	SW6	R8	
	SW7	T8	
	SW8	N2	
	SW9	N1	
	SW10	P1	
	SW11	R2	
	SW12	R1	
	SW13	T2	
	SW14	U1	
	SW15	U2	
	SW16	U6	源寄存器号 reg_src
	SW17	R6	
	SW18	U5	
	SW19	T5	
	SW20	U4	目的寄存器号 reg_dst
	SW21	T4	
	SW22	T3	
	SW23	R3	
	SW24	P5	写入寄存器号 reg_wb
	SW25	P6	
	SW26	P8	
	SW27	N8	
	SW30	M7	数据选择器选择信号 sel
	SW31	M5	寄存器写入信号 wr

续表

端口性质	端口	管脚	说明
输出	L0	A17	发光二极管(LED)显示输出数据 data_out
	L1	G16	
	L2	E16	
	L3	H17	
	L4	G17	
	L5	F18	
	L6	F19	
	L7	F20	
	L8	C17	
	L9	F17	
	L10	B17	
	L11	D19	
	L12	A18	
	L13	A19	
	L14	E17	
	L15	E18	

6. 实验数据

将实验过程中对寄存器堆读写的数据记录如下:

写寄存器堆		读寄存器堆		读写一致性
地址	数据	地址	数据	

7. 思考题

① 该如何将 16×16 位寄存器堆扩展为 32×32 位的寄存器堆?

② 特殊寄存器(如状态寄存器)是否可以放到通用寄存器堆中,该如何操作?

5.3 内存储器系统实验

存储器系统是计算机中存放程序和数据的场所,分为内存和外存。ThinPAD-Cloud 实验平台设置了两组 RAM 作为内存,使用 Flash 存储器作为外存,本实验主要完成内存储器的读写访问过程。

1. 实验目的

① 熟悉 ThinPAD-Cloud 实验平台内存储器的配置及与总线的连接方式。

② 掌握实验平台内存(RAM)的访问时序和方法。

③ 理解总线数据传输的基本原理。

2. 实验环境

① 硬件环境:个人计算机,Windows 7 及以上操作系统;ThinPAD-Cloud 实验平台。

② 软件环境:FPGA 开发工具软件 Vivado。

3. 实验内容

使用实验平台上的 FPGA 芯片,设计一个状态机和内存读写逻辑,完成对存储器 RAM 的访问。具体要求如下:

① 写 BaseRAM。将拨码开关上的数据,写入到 BaseRAM 的相应存储单元中。首先,在拨码开关上拨入写入地址单元的地址,按 CLK 键后,再在拨码开关上拨入要写入该单元的数据,再按 CLK 键后,数据应写入到 BaseRAM 的对应单元中。继续按 CLK 键,则地址和数据各加 1 后写入,共写 10 个数据。过程中,应在 LED 灯上分别显示地址和数据。

② 读 BaseRAM。BaseRAM 中写入 10 组数据后,按 CLK 键后开始读 BaseRAM 的内容。按 CLK 键,逐个将刚写入的 10 个数据从存储单元中读出,送到 LED 上显示。

③ 写 ExtRAM。将前面 BaseRAM 中已保存的 10 个数据,各减 1 后写入到 ExtRAM 中同样的地址单元内,写入过程中要求在 LED 灯上输出地址和被写入的数据。

④ 读 ExtRAM。具体要求同 BaseRAM。

后两步为选做实验,在实验过程中可以使用 7 段数码管监测状态机的当前状态,发光二极管只有 16 个,可以只显示地址的低 8 位和数据的低 8 位。

4. 实验原理

对于存储器芯片的访问,首先要熟悉存储器芯片的访问时序,并了解 ThinPAD-Cloud 实验平台上存储器芯片与 FPGA 芯片的具体连接方式，也就是说，如何在 ThinPAD-Cloud 实验平台上具体实现对 RAM 芯片的访问时序。

ThinPAD-Cloud 实验平台上使用的是 4 片 1M×16 位的 SRAM，两片一组构成一个 32 位存储器，分别为 BaseRAM 和 ExtRAM，图 5.4 是 SRAM 的访问时序。

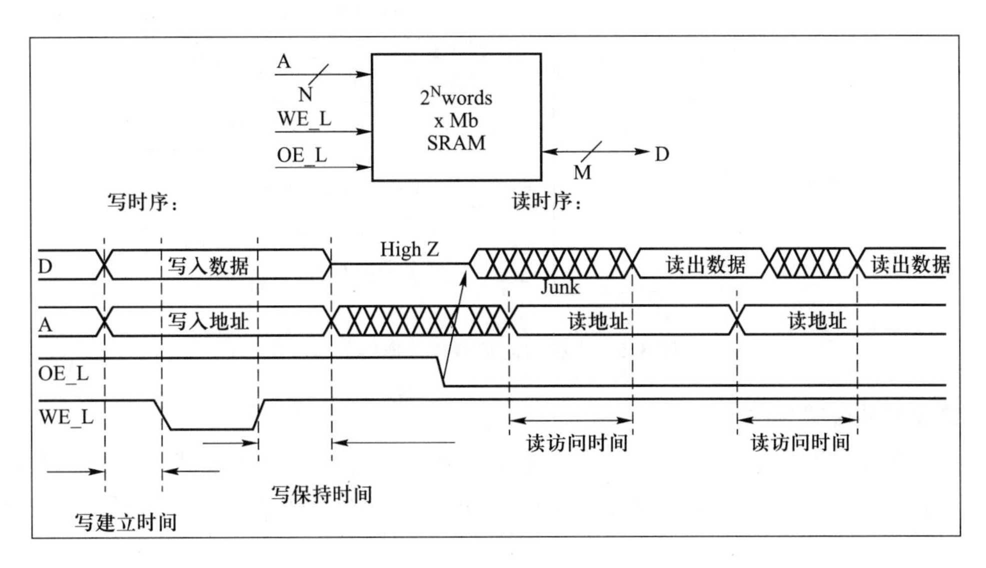

图 5.4 SRAM 访问时序

从时序要求上看，读取 SRAM 时要提前准备好地址，并将数据线设置成高阻，然后即可读出数据；写 SRAM 时要提前准备好地址信号，然后将写信号置为“0”即可将数据写入相应地址。

本实验需要给内存芯片提供地址、数据和控制信号。初始地址和数据均来自拨码开关，先由寄存器接收并保存，然后分别送到地址总线和数据总线。控制信号有 3 个，以 BaseRAM 为例，分别是 Base_RAM_EN、Base_RAM_OE 和 Base_RAM_WE，对应连接到 BaseRAM 的/CE、/OE 和/WE 管脚，需要根据对存储芯片的访问要求来正确设置。RAM 芯片上还有字节使能信号 RAM_BE_N[0..3]，低电平有效，分别用于使能 32 位数据线的 4 个字节[7..0][15..8][23..16][31..24]，当字节使能信号为“1”时，相应的字节输出为高阻态“Z”。

需要指出的是，由于 BaseRAM 和串口共同连接在一条总线上，访问内存时，应使串口不工作，这可以通过控制信号(/OE)的选择来实现。

实验中用到的主要芯片连接关系如图 5.5 所示。其中，内存控制器用 FPGA 实现，基本内存和扩展内存分别指 BaseRAM 和 ExtRAM 两组芯片。

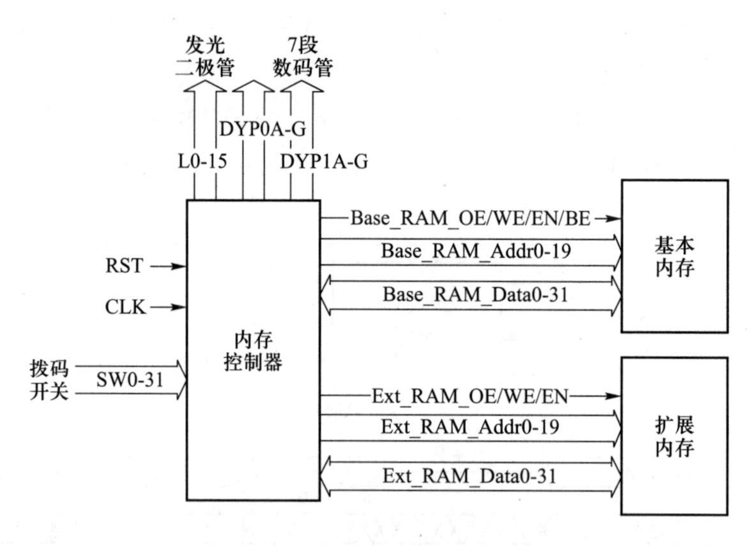

图 5.5　内存访问实验芯片连接关系

5. 主要实验步骤

本实验的完成需要用 FPGA 芯片来控制存储芯片的读写，根据实验要求，需要在 FPGA 中实现地址寄存器、数据寄存器，并实现一个简单的状态机来控制对存储芯片的访问。具体步骤如下。

（1）定义输入信号

① 拨码开关决定读写地址或数据。

② 绑定 RAM 的数据线、地址线。

③ 绑定 LED 灯，用来显示从内存中读出的数据。

（2）定义状态机

① 读写状态控制的状态机控制当前控制器是处于读状态还是写状态。

② 内存读周期、写周期的状态机根据时钟进行跳转，控制读写的过程。

（3）验证过程

① 将编译好的内存控制器烧入实验板。

② 在写周期时，先拨动拨码开关预设一个值，将该值作为内存地址写入地址寄存器，然后，再重新拨动拨码开关，设置一个新值，将其作为数据写入到前面给定的地址的内存单元；在读周期时，将拨码开关的值作为内存地址，控制器从该内存位置处读出数据。

③ 写周期，LED 灯显示当前写入的地址；读周期，LED 灯显示从内存中读出的数据。

④ 注意观察 LED 上地址和数据的变化，是否符合实验的设计要求。

⑤ 记录实验结果。

⑥ 自行设计该实验展示的方式。

注意：

ThinPAD-Cloud 实验平台拨码开关 SW0 ~ SW31 的 ON 端表示 1,相反表示 0;时钟和复位按钮 CLK、RST 均是按下为 1,放开为 0。

管脚分配表如表 5.4 所示。

表 5.4　内存储器系统实验管脚分配表

端口性质	端口	管脚	说明
输入	CLK	H19	单步时钟 CLK
	RST	F22	复位键 RST
	SW0	N3	拨码输入初始地址和数据
	SW1	N4	
	SW2	P3	
	SW3	P4	
	SW4	R5	
	SW5	T7	
	SW6	R8	
	SW7	T8	
	SW8	N2	
	SW9	N1	
	SW10	P1	
	SW11	R2	
	SW12	R1	
	SW13	T2	
	SW14	U1	
	SW15	U2	
	SW16	U6	
	SW17	R6	
	SW18	U5	
	SW19	T5	
	SW20	U4	
	SW21	T4	
	SW22	T3	
	SW23	R3	
	SW24	P5	

续表

端口性质	端口	管脚	说明
输入	SW25	P6	
	SW26	P8	
	SW27	N8	
	SW28	N6	
	SW29	N7	
	SW30	M7	
	SW31	M5	
输出	L0	A17	发光二极管(LED)显示地址及数据
	L1	G16	
	L2	E16	
	L3	H17	
	L4	G17	
	L5	F18	
	L6	F19	
	L7	F20	
	L8	C17	
	L9	F17	
	L10	B17	
	L11	D19	
	L12	A18	
	L13	A19	
	L14	E17	
	L15	E18	
输出	Base_RAM_Addr0	F24	BaseRAM 地址
	Base_RAM_Addr1	G24	
	Base_RAM_Addr2	L24	
	Base_RAM_Addr3	L23	
	Base_RAM_Addr4	N16	
	Base_RAM_Addr5	G21	
	Base_RAM_Addr6	K17	
	Base_RAM_Addr7	L17	
	Base_RAM_Addr8	J15	
	Base_RAM_Addr9	H23	

续表

端口性质	端口	管脚	说明
输出	Base_RAM_Addr10	P14	
	Base_RAM_Addr11	L14	
	Base_RAM_Addr12	L15	
	Base_RAM_Addr13	K15	
	Base_RAM_Addr14	J14	
	Base_RAM_Addr15	M24	
	Base_RAM_Addr16	N17	
	Base_RAM_Addr17	N23	
	Base_RAM_Addr18	N24	
	Base_RAM_Addr19	P23	
双向	Base_RAM_Data0	M22	BaseRAM 数据
	Base_RAM_Data1	N14	
	Base_RAM_Data2	N22	
	Base_RAM_Data3	R20	
	Base_RAM_Data4	M25	
	Base_RAM_Data5	N26	
	Base_RAM_Data6	P26	
	Base_RAM_Data7	P25	
	Base_RAM_Data8	J23	
	Base_RAM_Data9	J18	
	Base_RAM_Data10	E26	
	Base_RAM_Data11	H21	
	Base_RAM_Data12	H22	
	Base_RAM_Data13	H18	
	Base_RAM_Data14	G22	
	Base_RAM_Data15	J16	
	Base_RAM_Data16	N19	
	Base_RAM_Data17	P18	
	Base_RAM_Data18	P19	
	Base_RAM_Data19	R18	
	Base_RAM_Data20	K20	
	Base_RAM_Data21	M19	
	Base_RAM_Data22	L22	

续表

端口性质	端口	管脚	说明
双向	Base_RAM_Data23	M21	
	Base_RAM_Data24	K26	
	Base_RAM_Data25	K25	
	Base_RAM_Data26	J26	
	Base_RAM_Data27	J25	
	Base_RAM_Data28	H26	
	Base_RAM_Data29	G26	
	Base_RAM_Data30	G25	
	Base_RAM_Data31	F25	
输出	Base_RAM_OE	K16	BaseRAM 输出使能
	Base_RAM_WE	P24	BaseRAM 写使能
	Base_RAM_EN	K18	BaseRAM 使能
	Base_RAM_BE0	M26	BaseRAM 字节使能[7:0]
	Base_RAM_BE1	L25	BaseRAM 字节使能[15:8]
	Base_RAM_BE2	D26	BaseRAM 字节使能[23:16]
	Base_RAM_BE3	D25	BaseRAM 字节使能[31:24]
输出	Ext_RAM_Addr0	Y21	ExtRAM 地址
	Ext_RAM_Addr1	Y26	
	Ext_RAM_Addr2	AA25	
	Ext_RAM_Addr3	Y22	
	Ext_RAM_Addr4	Y23	
	Ext_RAM_Addr5	T18	
	Ext_RAM_Addr6	T23	
	Ext_RAM_Addr7	T24	
	Ext_RAM_Addr8	U19	
	Ext_RAM_Addr9	V24	
	Ext_RAM_Addr10	W26	
	Ext_RAM_Addr11	W24	
	Ext_RAM_Addr12	Y25	
	Ext_RAM_Addr13	W23	
	Ext_RAM_Addr14	W21	
	Ext_RAM_Addr15	V14	
	Ext_RAM_Addr16	U14	

续表

端口性质	端口	管脚	说明
输出	Ext_RAM_Addr17	T14	
	Ext_RAM_Addr18	U15	
	Ext_RAM_Addr19	T15	
双向	Ext_RAM_Data0	W20	ExtRAM 数据
	Ext_RAM_Data1	W19	
	Ext_RAM_Data2	V19	
	Ext_RAM_Data3	W18	
	Ext_RAM_Data4	V18	
	Ext_RAM_Data5	T17	
	Ext_RAM_Data6	V16	
	Ext_RAM_Data7	V17	
	Ext_RAM_Data8	V22	
	Ext_RAM_Data9	W25	
	Ext_RAM_Data10	V23	
	Ext_RAM_Data11	V21	
	Ext_RAM_Data12	U22	
	Ext_RAM_Data13	V26	
	Ext_RAM_Data14	U21	
	Ext_RAM_Data15	U25	
	Ext_RAM_Data16	AC24	
	Ext_RAM_Data17	AC26	
	Ext_RAM_Data18	AB25	
	Ext_RAM_Data19	AB24	
	Ext_RAM_Data20	AA22	
	Ext_RAM_Data21	AA24	
	Ext_RAM_Data22	AB26	
	Ext_RAM_Data23	AA23	
	Ext_RAM_Data24	R25	
	Ext_RAM_Data25	R23	
	Ext_RAM_Data26	R26	
	Ext_RAM_Data27	U20	
	Ext_RAM_Data28	T22	
	Ext_RAM_Data29	R22	
	Ext_RAM_Data30	T20	
	Ext_RAM_Data31	R14	

续表

端口性质	端口	管脚	说明
输出	Ext_RAM_OE	U24	ExtRAM 输出使能
	Ext_RAM_WE	U16	ExtRAM 写使能
	Ext_RAM_EN	Y20	ExtRAM 使能
	Ext_RAM_BE0	U26	ExtRAM 字节使能[7:0]
	Ext_RAM_BE1	T25	ExtRAM 字节使能[15:8]
	Ext_RAM_BE2	R17	ExtRAM 字节使能[23:16]
	Ext_RAM_BE3	R21	ExtRAM 字节使能[31:24]
输出	DYP0A	D16	7 段数码管测试输出
	DYP0B	F15	
	DYP0C	H15	
	DYP0D	G15	
	DYP0E	H16	
	DYP0F	H14	
	DYP0G	G19	
输出	DYP1A	H9	7 段数码管测试输出
	DYP1B	G8	
	DYP1C	G7	
	DYP1D	G6	
	DYP1E	D6	
	DYP1F	E5	
	DYP1G	F4	

6. 实验数据

将实验过程中对内存读写的数据记录如下：

写内存		读内存		读写一致性
地址	数据	地址	数据	

7. 思考题

① 静态存储器的读和写各有什么特点?

② 什么是 RAM 芯片输出的高阻态?它的作用是什么?

③ 本实验完成的是将 Base_RAM 和 Ext_RAM 作为独立的存储器单独进行访问的功能。如果希望将 Base_RAM 和 Ext_RAM 作为一个统一的 64 位数据的存储器进行访问,该如何进行?

5.4 串行接口实验

计算机内部数据的访问通常是以字或字节为单位并行进行的,但与外部设备进行数据交互或与其他计算机进行通信时,经常需要串行数据通信。串行接口是一类使用相对简单的接口,ThinPAD-Cloud 实验平台上也配置了基本的串口,作为连接终端设备的接口。本实验主要完成串行接口的访问。

1. 实验目的

① 熟悉 ThinPAD-Cloud 实验平台串行接口的配置及与总线的连接方式。

② 掌握实验平台串口 UART 的访问时序和方法。

③ 理解总线数据传输的基本原理。

2. 实验环境

① 硬件环境:个人计算机,Windows 7 及以上操作系统;ThinPAD-Cloud 实验平台。

② 软件环境:FPGA 开发工具软件 Vivado。

3. 实验内容

使用 ThinPAD-Cloud 实验平台上的 FPGA 芯片,编写代码完成对实验平台 UART 串口模块的访问,实现和 PC 机上运行的串口调试精灵程序的通信。要求分别实现如下功能。

① 能接收 PC 端串口发送的数据(十六进制 00 ~ FF),并显示在 ThinPAD-Cloud 实验平台的 LED 灯上。

② 能通过 UART 往 PC 端串口发送并显示数据(十六进制 00 ~ FF)。

③ 接收 PC 端串口发来的数据,加 1 后再送回 PC 端并显示。

4. 实验原理

ThinPAD-Cloud 实验平台的 FPGA 芯片通过基本总线连接了存储器芯片 Base_RAM 以及控制模块中的 UART 串口模块。UART 串口模块连接到实验平台的 Micro USB 接口,可作为串口与其他设备相连接。本实验中,该 Micro USB 接口将连接到 PC 机的 USB 口,并虚拟了一个串行 RS-232 接口,从而完成与 PC 机上运行的串口通信软件(如串口调试精灵)进行通信。

由于 UART 和 Base_RAM 共享基本总线,因此,需要有控制信号来区分在一个总线周期内是 Base_RAM 工作还是 UART 工作,是进行读操作还是写操作。在 ThinPAD-Cloud 实验平台中,给出了 3 位控制信号 Base_RAM_EN、Base_RAM_OE、Base_RAM_WE 来实现这个功能。

与普通的串口芯片 8251 不同,实验平台上的 UART 不具备可编程的性质(它本身就是由控制模块编程实现的)。下面简单介绍串口收发数据的原理。

异步接收/发送器(UART),可完成并行数据和串行数据之间的相互转换,还能检测串行通信在传送过程中可能发生的错误。UART 主要由数据总线接口、控制逻辑、波特率发生器、发送部分和接收部分等组成。本实验主要涉及 UART 中最重要的发送部分和接收部分,其功能模块包括发送缓冲器(tbr)、发送移位寄存器(tsr)、数据接收缓冲器(rbr)、接收移位寄存器(rsr)等。

数据的发送由 UART 中的微处理器控制,微处理器给出 wrn 信号,发送器根据此信号将并行数据 din[7..0]锁存进发送缓冲器 tbr[7..0],并通过发送移位寄存器 tsr[7..0]发送串行数据至串行数据输出端 sdo。在数据发送过程中用输出信号 tbre、tsre 作为标志信号,当一帧数据由发送缓冲器 tbr[7..0]送到发送移位寄存器 tsr[7..0]时,tbre 信号为 1,而数据由发送移位寄存器 tsr[7..0]串行发送完毕时,tsre 信号为 1,通知 CPU 在下个时钟装入新数据。UART 发送器结构如图 5.6 所示。

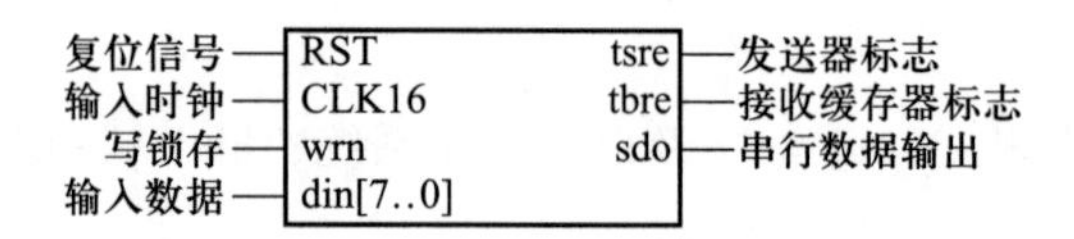

图 5.6　UART 发送器结构

串行数据帧和接收时钟是异步的,发送来的数据由逻辑 1 变为逻辑 0 可以视为一个数据帧的开始。接收器先要捕捉起始位,确定 rxd 输入由 1 到 0,逻辑 0 要 8 个 CLK16 时钟周期,才是正常的起始位,然后在每隔 16 个 CLK16 时钟周期采样接收数据,移位输入接收移位寄存器 rsr,最后输出数据 dout。还要输出一个数据接收标志信号标志数据接收完毕。接收器结构如图 5.7 所示。

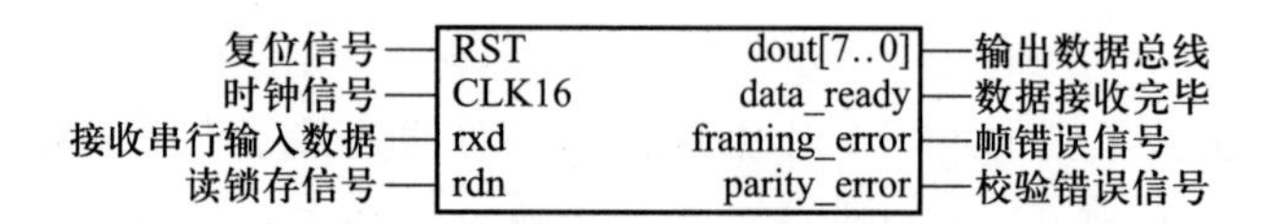

图 5.7　UART 接收器结构

另外需要注意的是,UART 和 Base_RAM 都是通过基本总线和 FPGA 相连,本实验仅仅是完成 UART 的访问,请一定通过控制信号让 Base_RAM 不工作(不往总线上发送数据)。

实验中要使用的主要芯片的连接关系如图 5.8 所示。

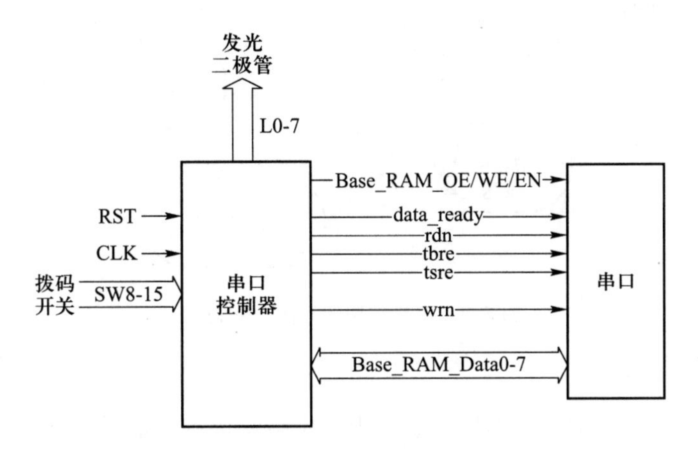

图 5.8　实验主要芯片连接关系

5. 主要实验步骤

本实验的操作比较复杂,首先要正确配置串口的参数(端口、波特率等),然后,在编写 Verilog 代码时,要正确理解 UART 的工作原理,设计 UART 发送和接收数据的状态转换关系,以及各状态与对应信号之间的关系。在此基础上,设计实现的代码,再将代码下载到 FPGA 中进行调试。因为是读写串口,所以始终要保持 Base_RAM_EN 为 1(即内存处于禁用状态)。

(1) 写串口

用 Verilog 语言编写往串口发送数据的代码,将拨码开关上的数据发送到串口,并在 PC 端显示。

注意:

在复位时进行初始化,即设置 wrn、Base_RAM_EN、Base_RAM_OE、Base_RAM_WE 为 1,为发送数据做好准备。具体写串口可以设计如下 4 个状态:

① 第 1 个状态赋予 Base_RAM 数据总线要发送的值,置 wrn 为 0,wrn 的下降沿 UART 将待发送数据送入到发送器 tbr[7..0]并锁存。

② 第 2 个状态是置 wrn 为 1,使 UART 能够把读入的数据串行输出到串口。

③ 第 3 个状态等待被发送数据进入移位寄存器 tsr[7..0],即等待 tbre 信号变为 1。

④ 第 4 个状态等待数据发送完毕,tsre 信号变为 1。

状态转移如图 5.9 所示。

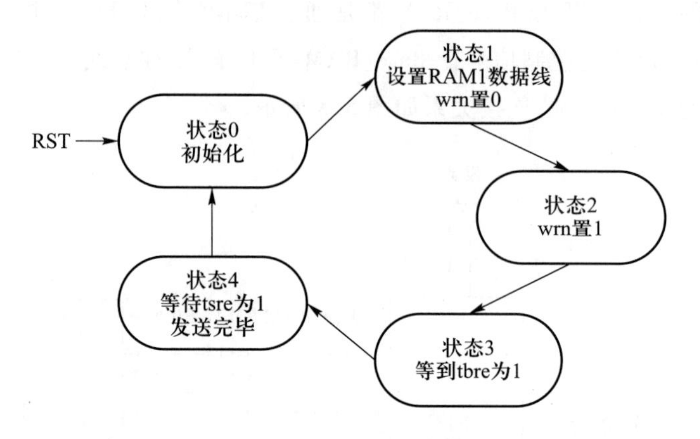

图 5.9　串口控制器写操作状态图

（2）读串口

用 Verilog 语言编写读串口数据的代码，将从 PC 端发送过来的数据读出，并显示到 LED 灯上。读串口可以设计如下 3 个状态：

① 第 1 个状态为初始化，置 rdn 为 1，并让接收串口数据的变量为高阻态，准备接收数据。

② 第 2 个状态检查 data_ready 信号量，判断 UART 是否准备好数据，如果 data_ready 为 1，则说明 UART 已经准备好数据，此时置 rdn 为 0，使移位寄存器 rsr 中的数据输出到数据总线 dout，进入状态 3，否则回到状态 1，继续准备接收数据。

③ 第 3 个状态从数据总线读取数据，输出到 LED 灯，回到状态 1 继续准备接收数据。

状态机如图 5.10 所示。

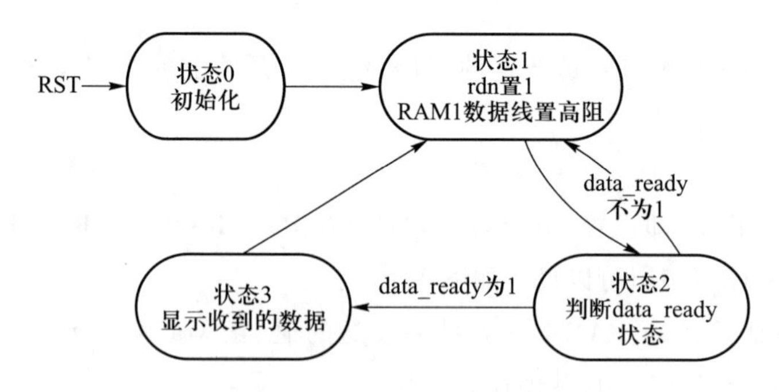

图 5.10　串口控制器读操作状态图

（3）综合写串口和读串口两个操作

利用一个大的状态机，控制复位、读串口、写串口 3 个状态，将从串口精灵中发送过来的数据，加 1 后送回到串口精灵中显示。

注意：

在读串口的最后一个状态要把 rdn 置为 1，否则再把修改后的数据写到串口时可能会出错。

管脚分配表如表 5.5 所示。

表 5.5　串行接口实验管脚分配表

端口性质	端口	管脚	说明
输入	CLK	C18	11.059 2 MHz 时钟
	RST	F22	复位键 RST
	SW0	N3	拨码开关 设置发送到串口的数据
	SW1	N4	
	SW2	P3	
	SW3	P4	
	SW4	R5	
	SW5	T7	
	SW6	R8	
	SW7	T8	
输出	L0	A17	发光二极管(LED) 显示从串口接收到的数据
	L1	G16	
	L2	E16	
	L3	H17	
	L4	G17	
	L5	F18	
	L6	F19	
	L7	F20	
双向	Base_RAM_Data0	M22	数据总线
	Base_RAM_Data1	N14	
	Base_RAM_Data2	N22	
	Base_RAM_Data3	R20	
	Base_RAM_Data4	M25	
	Base_RAM_Data5	N26	
	Base_RAM_Data6	P26	
	Base_RAM_Data7	P25	

续表

端口性质	端口	管脚	说明
输出	Base_RAM_OE	K16	Base_RAM 输出使能
	Base_RAM_WE	P24	Base_RAM 写使能
	Base_RAM_EN	K18	Base_RAM 使能
	data_ready	L4	数据准备信号
	rdn	M6	读串口
	tbre	L5	发送数据标志
	tsre	L7	数据发送完毕标志
	wrn	L8	写串口

6. 实验数据

将实验过程中对串口读写的数据记录如下：

写串口		读串口	
拨码开关数据	收到数据	发送数据	数码管显示数据

7. 思考题

① 请总结实验平台上的 UART 和普通的串口芯片 8251 的异同点。

② 如果要求将 PC 端发送过来的数据存入到 Base_RAM 的某个单元，然后从该单元中读出，再加 1 送回到 PC 端，则代码需要进行怎样的修改？

5.5 DVI 接口实验

1. 实验目的

① 了解 DVI 接口的基本原理。

② 掌握在 ThinPAD-Cloud 实验平台上控制 DVI 颜色输出的实现方法。

2. 实验环境

① 硬件环境：个人计算机，Windows 7 以上操作系统；ThinPAD-Cloud 实验平台；DVI 或

HDMI 接口的显示器。

② 软件环境:FPGA 开发工具软件 Vivado。

3. 实验内容

理解 DVI 显示图像的原理,使用 Verilog 语言自行编写程序,使其在常用的 DVI 显示器上显示两行四列格子,每个格子中的颜色不同,要求的分辨率为 640×480。

4. 实验原理

常见的彩色显示器利用三基色形成彩色,三基色为红、绿、蓝(RGB),常见的颜色都可以用这 3 种基本颜色以适当的比例混合而成,比如红绿等比例混合为黄色,红绿蓝等比例混合为白色等。

在光栅扫描显示器上存在一个分辨率的概念,分辨率指屏幕上所能显示的像素点的个数。它一般用水平像素数×垂直像素数的形式来表示,例如分辨率为 1 024×768,其中 1 024 表示水平方向所能显示的点数,即水平分辨率;768 表示垂直方向扫描的列数,即垂直分辨率。垂直像素等于光栅扫描中水平扫描线的条数,水平像素数等于一条水平扫描线中所能显示的点的个数,像素越多,分辨率就越高。

实际扫描的区域包括显示区和消隐区。对于分辨率为 640×480 的显示模式,电子束实际扫描的区域为 800×525,如图 5.11 所示。

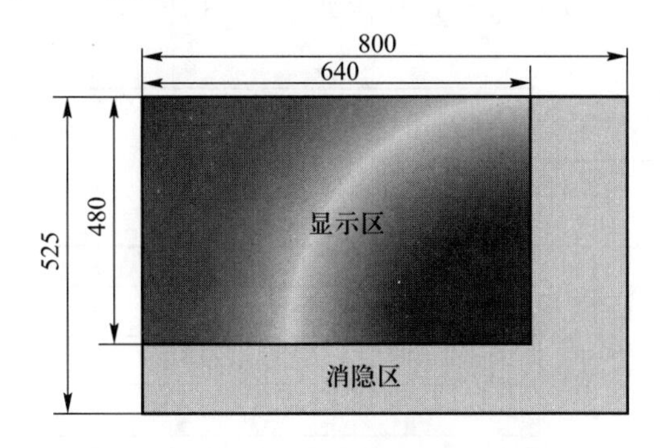

图 5.11 显示器上的显示区和消隐区

显示实际上是采用逐行扫描的方式产生的,CRT(cathode-ray tube,阴极射线管)发射的电子束打在涂有荧光粉的荧光屏上,产生三基色,这 3 种颜色合成一个彩色像素。扫描从屏幕的左上方开始,从左到右,从上而下,逐行扫描。扫完一行后,电子束回到屏幕的左侧下一行的起始位置。在这期间,CRT 对电子束进行消隐,每行结束时,用行同步信号进行行同步;扫描完所有行,用场同步信号进行场同步,并使扫描回到屏幕的左上方起始位置,同时进行场消隐,并准备进行下一次扫描。

对于分辨率为 640×480 的显示模式的行场同步时序关系如下。

(1) 行同步时序关系

一行扫描信号的前640个像素为显示像素,控制该行的显示,后160个像素为消隐像素,消隐像素不赋值或赋成黑色。对于行同步信号,在第656至751个区间内为低,其余时为高电平。具体如图5.12所示。

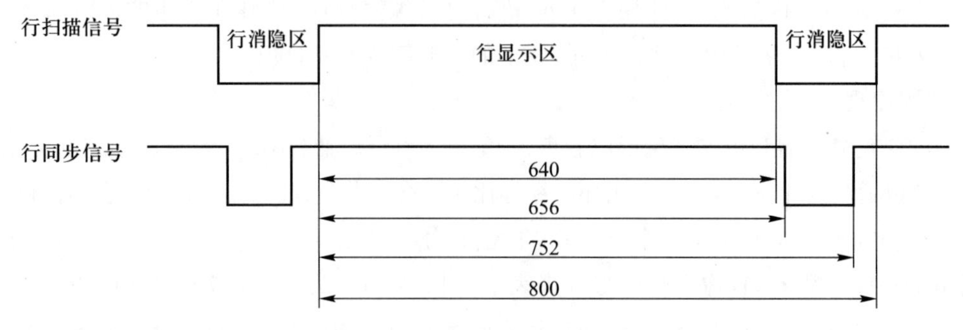

图5.12　行同步时序

(2)场同步时序关系图

一场扫描信号的前480个为显示像素值,控制该场的显示,后45个像素为消隐像素,消隐像素不赋值或赋成黑色,每一行数据由上文所述的行数据组成。对于场同步信号,在第490行至491行区间内为低电平,其余时为高电平。具体如图5.13所示。

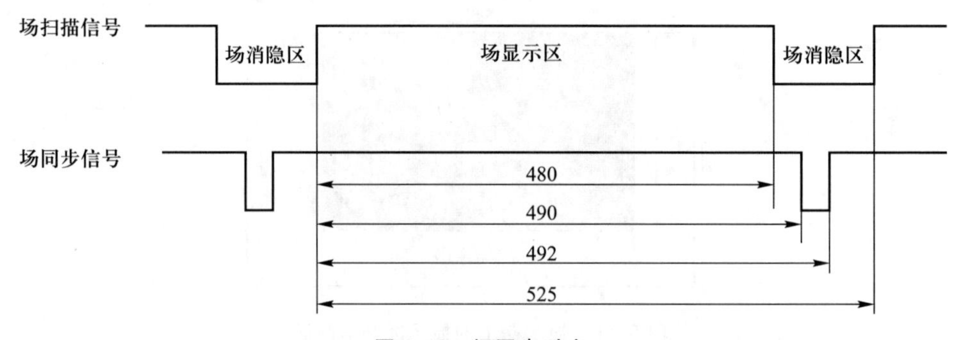

图5.13　场同步时序

本实验使用FPGA作为显示器的控制器,FPGA芯片和DVI接口的连接关系如图5.14所示。

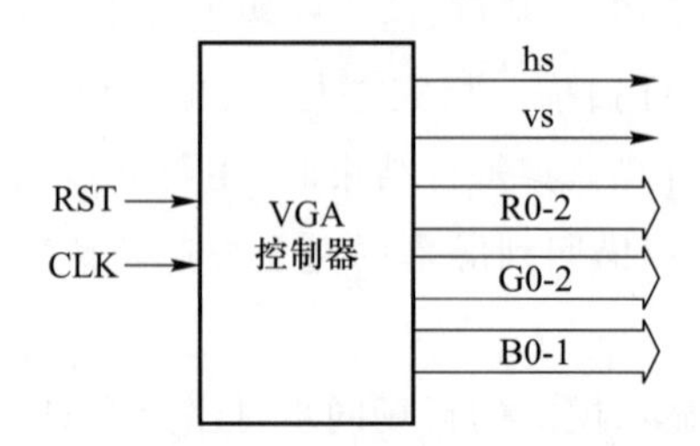

图5.14　芯片连接关系

其中,R(红)、G(绿)各3位,B(蓝)有2位,实验时可自行选择输出的颜色组合。

5. 主要实验步骤

① 由于在帧频率为60 Hz时,640×480分辨率需要的像素时钟为25.18 MHz,所以首先对右侧晶振输入的时钟信号(50 MHz)进行二分频,得到25 MHz的时钟。

② 行区间像素扫描:在包含消隐区的情况下,行像素为800,因此在0到799之间循环扫描。

③ 场区间像素扫描:当扫描完一行时,场区间的行数加一,在包含消隐区的情况下,场像素为525,因此在0到524之间循环扫描。

④ 设置行同步信号:根据上文所述,当行扫描像素区间在656至751之间时,行同步信号为低电平,其余时为高电平。

⑤ 设置场同步信号:在扫描至490和491行时,场同步信号为低电平,其余行时为高电平。

⑥ 输出行场同步信号。

⑦ 根据扫描的位置(行、列)对三基色进行赋值,同时数据有效信号DE赋值为1,使屏幕显示设定的图案;在整个消隐区,DE赋为0,不得有彩色输出。

⑧ 色彩输出。

管脚分配表如表5.6所示。

表5.6 DVI接口实验管脚分配表

端口性质	端口	管脚	说明
输入	CLK	D18	50MHz时钟
	RST	F22	复位键RST
输出	video_red[2]	N18	红
	video_red[1]	N21	
	video_red[0]	T19	
	video_green[2]	U17	绿
	video_green[1]	G20	
	video_green[0]	M15	
	video_blue[1]	L18	蓝
	video_blue[0]	M14	
	video_clk	J21	像素时钟输出
	video_hsync	P16	行同步信号
	video_vsync	R16	场同步信号
	video_de	J20	行数据有效信号,用于区分消隐区

6. 实验数据

选择不同的颜色组合,分别记录R、G、B的值,并拷贝对应的VGA输出图形。

7. 思考题

① ThinPAD-Cloud实验平台能够显示多少种颜色?

② 如何将分辨率调整成1024×768?

5.6 Flash实验

1. 实验目的

① 理解并掌握Flash读写的基本原理。

② 编写程序在ThinPAD-Cloud实验平台上实现Flash的读写。

2. 实验环境

① 硬件环境:个人计算机,Windows 7及以上操作系统;ThinPAD-Cloud实验平台。

② 软件环境:FPGA开发工具软件Vivado;ThinPAD-Cloud实验平台控制面板Flash工具。

3. 实验内容

① 在ThinPAD-Cloud实验平台上实现对Flash中内容的读取。

② 在ThinPAD-Cloud实验平台上实现对Flash中内容的写入。

4. 实验原理

Flash是存储芯片的一种,通过特定的程序可以修改其中存储的数据。Flash存储器又称为闪存,它结合了ROM和RAM的优势,不仅具备电子可擦除和可编程的功能,还能够快速读取数据,Flash保存的数据断电后不会丢失,它在便携式设备中被大量使用,例如手机、U盘、MP3等电子设备都含有Flash存储器。

Flash存储器编程涉及的主要操作有Flash的读、写和擦除,ThinPAD-Cloud实验平台上用到的Flash型号是JS28F640J3,下面介绍此型号Flash的这3种操作。

首先列出Flash操作的相关控制信号,如表5.7所示。

表5.7 Flash操作的相关控制信号

控制信号	说明
CE0,CE1,CE2	使能信号。共有8种组合,其中4种表示选中,如0,0,0。CE1和CE2是内置接地的,因此只控制CE0就可以完成对使能的控制
BYTE	操作模式,0表示字节模式,1表示字模式,常置为1

续表

控制信号	说明
VPEN	0 表示写保护,实验时常置为 1
RP	0 表示重置,1 表示工作,常置为 1
OE	读使能,0 有效,建议每次读操作结束时,OE 重新赋值为 1
WE	写使能,0 有效(从 0 变 1 时执行写入)
ADDR[22..0]	23 根地址线,字模式下只使用 ADDR[22..1],最高 6 位为 block 地址,之后为 block 内地址
DATA[15..0]	16 根数据线,读写共用
SR[7..0]	状态寄存器,共 8 位,其中只在读和擦除操作时用到 SR[7],SR[7]为 1 表示操作完成。状态寄存器也是读取的,因此也共用 DATA 线,即 DATA[7..0]

Flash 的操作是通过操作码来识别的,下面具体介绍读、擦除、写操作。

(1) Flash 的读操作

① 写入数据 0XFF(即操作码,表示即将进行读操作),地址任意,具体操作为:首先设置写使能 WE 为 0,表示现在可写,然后将数据线置为 00FF,将 WE 置为 1,此时数据已经写入,这样 Flash 就切换到读模式。

② 从 Flash 中读数据,具体操作为:首先设置读使能(即为 OE 赋值),然后给 Flash 的地址线赋值为要读取数据的地址并且将 Flash 的数据线置为高阻态。这样数据线上得到相应地址的数据。读操作结束,建议将 OE 赋值为 1。

读操作时,CE 置为 0,表示选中;BYTE 置为 1,表示采用的是字模式,具体步骤和信号时序如表 5.8 所示。

表 5.8　Flash 的读操作步骤和信号时序

序号	步骤	操作
1	设置写使能	WE 置为 0
2	切换读模式	数据线置为 00FF(切换到读模式),WE 置为 1(由 0 变为 1,此时数据已经写入)
3	设置读使能	OE 赋值
4	给 Flash 地址并将数据线置高阻	ADDR 和 DATA 赋值
5	读出数据	数据输出

(2) Flash 的擦除操作

Flash 有一种独特的操作,即擦除操作。写入 Flash 时只能将某个 bit 由逻辑 1 改为逻辑 0,而不能反过来,因此如果要写 Flash,则需要先擦除该区域。

① 写入数据 0x20(即操作码,表示即将进行擦除操作),具体操作为:首先将写使能 WE 置为 0,在地址线上给出要擦除的 Flash 地址,将数据线置为 0020,将 WE 置为 1,此时 Flash 切换到擦除模式。

② 擦除 Flash 的具体操作为:设置写使能 WE 为 0,然后在地址线上给出要擦除的 Flash 地址,给数据线赋值为 00D0(表示擦除);最后将 WE 置为 1(即写入数据)。

③ 检测数据是否写入完毕,具体操作为:写入数据 0x70(即操作码,表示读取寄存器),然后置数据线为高阻态,置读使能 OE 为 0,然后检测 DATA[7]是否为 1,如果为 1 则操作完成,否则重复本步骤,直到 DATA[7]为 1。

擦除操作时,CE 置为 0,表示选中;BYTE 置为 1,表示采用的是字模式,具体步骤和信号时序如表 5.9 所示。

表 5.9 Flash 的擦除操作步骤和信号时序

序号	步骤	操作
1	设置写使能	WE 置为 0
2	切换到擦除模式	数据线置为 0020(切换到擦除模式),WE 置为 1
3	设置写使能	WE 置为 0
4	给出 Flash 地址并置数据线	ADDR 赋值,将 DATA 赋值为 00D0(表示擦除)
5	写入数据(即擦除)	WE 置为 1

(3) Flash 的写操作

Flash 的写操作和擦除操作紧密相关,在写操作之前要进行相应的擦除操作。由于上一步已经介绍过擦除操作,因此此处只介绍 Flash 的写操作。

① 写入数据 0x40(即操作码,表示即将进行写操作),地址任意,具体操作为:首先设置写使能 WE 为 0,将数据线置为 0040,将 WE 置为 1,此时数据已经写入,Flash 切换到写模式。

② 进行写操作,具体操作为:首先设置写使能 WE 为 0,然后为 Flash 的地址线赋值为将要进行写操作的地址,置数据线为高阻态,最后将写使能 WE 置为 1。

③ 检测数据是否写入完毕,具体操作为:写入数据 0x70(即操作码,表示读取寄存器),然后置数据线为高阻态,置读使能 OE 为 0,然后检测 DATA[7]是否为 1,如为 1 则操作已经完成,将 OE 置为 1;否则重复本步骤,直到 DATA[7]为 1。

写操作时,CE 置为 0,表示选中;BYTE 置为 1,表示采用的是字模式,具体步骤和信号时序如表 5.10 所示。

表 5.10　Flash 的写操作步骤和信号时序

序号	步骤	操作
1	设置写使能	WE 置为 0
2	切换写模式	数据线置为 0040(切换到写模式),WE 置为 1
3	设置写使能	WE 置为 0
4	给出 Flash 地址并将数据线置高阻	ADDR 和 DATA 赋值
5	写入数据	WE 置为 1

注意:

上述及以下步骤均为概要,实际上有些地方的时序还是比较严格,实验时请注意。另外,擦除操作可能较慢,可以设置一个标志完成信号以做提示。由于实际上的 Flash 原理比较复杂,因此此处仅仅进行了基本的介绍,如果有兴趣可以参照 Intel 的 Flash 文档。

以下是读、写操作的状态图。

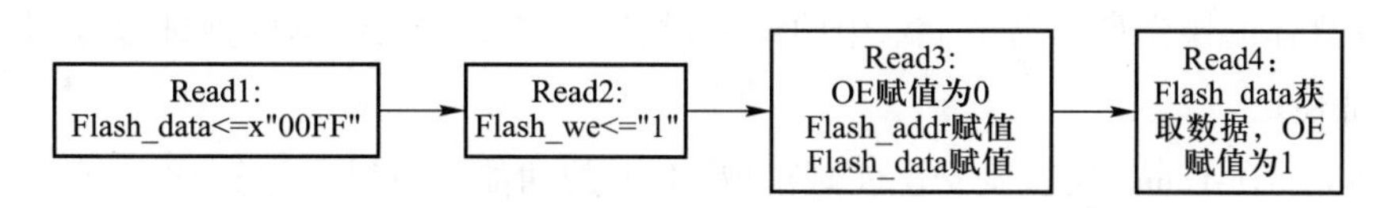

图 5.15　读操作的状态图

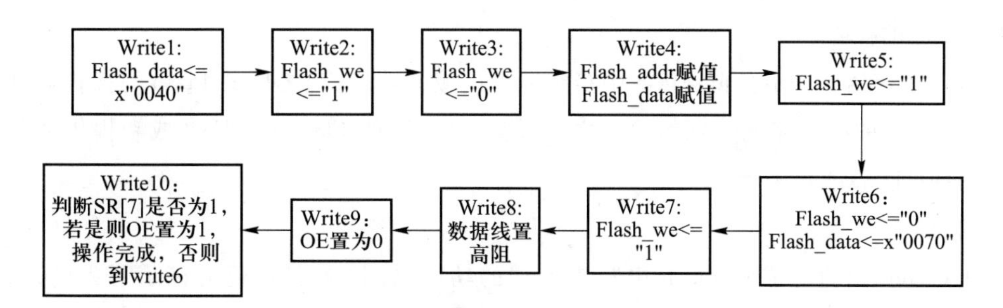

图 5.16　写操作的状态图

擦除操作的状态图和写操作的状态图是一样的,只是操作码不同,即第 1 步 erase1 中写入的为 x“0020”,第 4 步 erase4 中写入的数据为 x“00D0”。

ThinPAD-Cloud 实验平台上的 FPGA 和 Flash 芯片连接关系如图 5.17 所示。

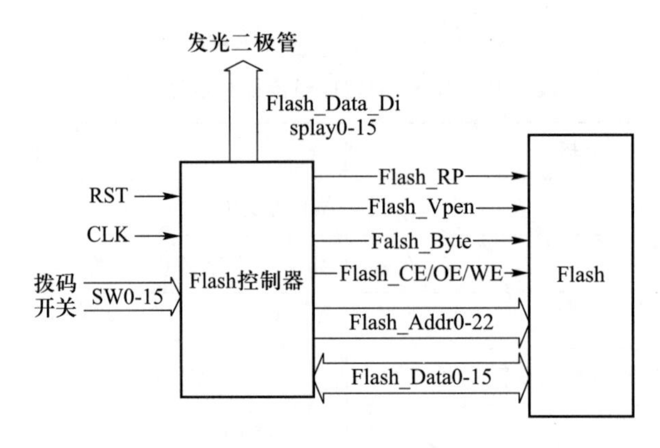

图 5.17　芯片连接关系图

5. 主要实验步骤

本实验通过 Verilog 语言实现 Flash 的读写，并利用 ThinPAD-Cloud 实验平台完成相应的操作和演示，具体步骤如下。

（1）Flash 的读取

① 首先用 ThinPAD-Cloud 实验平台控制面板提供的读写工具向 Flash 中写入一些数据，如"1，2，3，…"，具体的操作见本书第 1 章中的说明，然后记录下写入数据的地址以及写入的数据，以备之后验证使用。

② 在 ThinPAD-Cloud 实验平台上实现读取 Flash 的功能，通过拨码开关输入要读取的地址，并且在实验板的 LED 灯上显示读取的数据。

③ 对比通过软件写入的数据和实验板上读出的数据，由此可检验 Flash 的读程序是否正确。

（2）Flash 的擦除

① 用 Verilog 语言完成擦除 Flash 中指定地址区域的功能，为之后的 Flash 写操作做准备。

② 通过自己的程序完成数据的写入之后，使用自己写的 Flash 读程序（或者提供的软件）读出被擦除的地址，验证是否为 FF。

（3）Flash 的写入

① 用 Verilog 语言完成向 Flash 中写入数据的功能，并且在实验板上显示写入的地址和数据，以便于调试。

② 通过自己的程序完成数据的写入之后，使用自己写的 Flash 读程序（或者提供的软件）读出相应的数据并记录相应的地址。

（4）对比写入的数据和读出的数据，检验 Flash 的写程序是否正确管脚分配表如表 5.11 所示。

表 5.11 Flash 实验管脚分配表

端口性质	端口	管脚	说明
输入	CLK	D18	50 MHz 时钟
	RST	F22	复位键 RST
	SW0	N3	拨码开关设置地址
	SW1	N4	
	SW2	P3	
	SW3	P4	
	SW4	R5	
	SW5	T7	
	SW6	R8	
	SW7	T8	
	SW8	N2	
	SW9	N1	
	SW10	P1	
	SW11	R2	
	SW12	R1	
	SW13	T2	
	SW14	U1	
	SW15	U2	
	SW16	U6	拨码开关设置待写入的数据
	SW17	R6	
	SW18	U5	
	SW19	T5	
	SW20	U4	
	SW21	T4	
	SW22	T3	
	SW23	R3	
	SW24	P5	
	SW25	P6	
	SW26	P8	
	SW27	N8	
	SW28	N6	
	SW29	N7	
	SW30	M7	
	SW31	M5	

续表

端口性质	端口	管脚	说明
输出	Flash_Data_Display0	A17	发光二极管显示数据
	Flash_Data_Display1	G16	
	Flash_Data_Display2	E16	
	Flash_Data_Display3	H17	
	Flash_Data_Display4	G17	
	Flash_Data_Display5	F18	
	Flash_Data_Display6	F19	
	Flash_Data_Display7	F20	
	Flash_Data_Display8	C17	
	Flash_Data_Display9	F17	
	Flash_Data_Display10	B17	
	Flash_Data_Display11	D19	
	Flash_Data_Display12	A18	
	Flash_Data_Display13	A19	
	Flash_Data_Display14	E17	
	Flash_Data_Display15	E18	
输出	FlashByte	G9	操作模式,0:字节方式,1:字方式,常置为1
	FlashVpen	B22	写保护,常置为1
	FlashCE	A22	使能
	FlashOE	D1	输出使能
	FlashWE	C1	写使能
	FlashRP	C22	0表示重置,1表示工作,常置为1
输出	Flash_Addr0	K8	Flash 地址
	Flash_Addr1	C26	
	Flash_Addr2	B26	
	Flash_Addr3	B25	
	Flash_Addr4	A25	
	Flash_Addr5	D24	
	Flash_Addr6	C24	
	Flash_Addr7	B24	
	Flash_Addr8	A24	

续表

端口性质	端口	管脚	说明
输出	Flash_Addr9	C23	
	Flash_Addr10	D23	
	Flash_Addr11	A23	
	Flash_Addr12	C21	
	Flash_Addr13	B21	
	Flash_Addr14	E22	
	Flash_Addr15	E21	
	Flash_Addr16	E20	
	Flash_Addr17	D21	
	Flash_Addr18	B20	
	Flash_Addr19	D20	
	Flash_Addr20	B19	
	Flash_Addr21	C19	
	Flash_Addr22	A20	
双向	Flash_Data0	F8	Flash 数据
	Flash_Data1	E6	
	Flash_Data2	B5	
	Flash_Data3	A4	
	Flash_Data4	A3	
	Flash_Data5	B2	
	Flash_Data6	C2	
	Flash_Data7	F2	
	Flash_Data8	F7	
	Flash_Data9	A5	
	Flash_Data10	D5	
	Flash_Data11	B4	
	Flash_Data12	A2	
	Flash_Data13	B1	
	Flash_Data14	G2	
	Flash_Data15	E1	

6. 实验数据

将实验过程中对 Flash 读出的数据记录如下：

软件写入的数据		程序读出的数据		数据一致性
地址	数据	地址	数据	

将实验过程中对 Flash 写入的数据记录如下：

写入的数据		软件读出的数据		数据一致性
地址	数据	地址	数据	

7. 思考题

① ThinPAD-Cloud 实验平台上 Flash 的容量(bit)是多大？

② Flash 在 ThinPAD-Cloud 实验平台上可以用来充当什么功能部件？

5.7 多周期 CPU 控制器实验

控制器是计算机的核心，通过对指令的译码获取控制信号，进而控制整个计算机系统的运行。它根据指令的要求，提供给各部件相应的控制信号，指挥、协调各部件共同完成指令规定的功能。本实验要求观测一个简单的多周期控制器的运行过程，理解控制器的原理和指令执行流程。

1. 实验目的

① 进一步理解和掌握 ThinPAD-Cloud 实验平台的指令系统,包括指令功能、指令格式等。

② 通过阅读一个简单的多周期控制器的 Verilog 语言源代码,了解控制器的基本组成和实现方法。

③ 观测该控制器的运行过程,了解控制器的功能,加深对多周期 CPU 的控制器运行原理与指令周期的理解。

2. 实验环境

① 硬件环境:个人计算机,Windows 7 及以上操作系统;ThinPAD-Cloud 实验平台。

② 软件环境:FPGA 开发工具软件 Vivado。

3. 实验内容

本实验为一个观测型实验,通过自己动手操作,观测一个简单的多周期控制器的运行过程,记录每条指令在不同指令周期的控制信号取值。根据记录的结果,给出指令在该周期内完成的功能,理解指令的执行流程。

4. 实验原理

本实验使用 Verilog 硬件描述语言设计指令控制器。实验材料中提供了一个简单多周期控制器的源代码(详见附录 B),该控制器实现了 7 条 MIPS32 指令功能,分别为 ADDU、SUBU、BEQ、JR、XOR、LW、SW。

每条指令具体功能和格式如下。

ADDU

指令编码	31-26	25-21	20-16	15-11	10-6	5-0
	000000	rs	rt	rd	00000	100001
指令格式	ADDU rd, rs, rt					
指令功能	R[rd]←R[rs] + R[rt]					
功能说明	将寄存器 rs 与寄存器 rt 的值求和,结果保存到寄存器 rd 中					

SUBU

指令编码	31-26	25-21	20-16	15-11	10-6	5-0
	000000	rs	rt	rd	00000	100011
指令格式	SUBU rd, rs, rt					
指令功能	R[rd]←R[rs] - R[rt]					
功能说明	用寄存器 rs 的值减寄存器 rt 的值,结果保存到寄存器 rd 中					

BEQ

<table>
<tr><td rowspan="2">指令编码</td><td>31-26</td><td>25-21</td><td>20-16</td><td>15-0</td></tr>
<tr><td>000100</td><td>rs</td><td>rt</td><td>offset</td></tr>
<tr><td>指令格式</td><td colspan="4">BEQ rs, rt, offset</td></tr>
<tr><td>指令功能</td><td colspan="4">if(R[rs] == R[rt]) then PC←PC+Sign_extend(offset << 2)</td></tr>
<tr><td>功能说明</td><td colspan="4">若寄存器 rs 和 rt 的值相等,则跳转到目的地址执行;否则顺序执行下一条指令</td></tr>
</table>

JR

<table>
<tr><td rowspan="2">指令编码</td><td>31-26</td><td>25-21</td><td>20-11</td><td>10-6</td><td>5-0</td></tr>
<tr><td>000000</td><td>rs</td><td>00 0000 0000</td><td>hint</td><td>001000</td></tr>
<tr><td>指令格式</td><td colspan="5">JR rs</td></tr>
<tr><td>指令功能</td><td colspan="5">PC←R[rs]</td></tr>
<tr><td>功能说明</td><td colspan="5">程序无条件跳转到寄存器 rs 的地址执行,用于长地址跳转</td></tr>
</table>

XOR

<table>
<tr><td rowspan="2">指令编码</td><td>31-26</td><td>25-21</td><td>20-16</td><td>15-11</td><td>10-6</td><td>5-0</td></tr>
<tr><td>000000</td><td>rs</td><td>rt</td><td>rd</td><td>00000</td><td>100110</td></tr>
<tr><td>指令格式</td><td colspan="6">XOR rd, rs, rt</td></tr>
<tr><td>指令功能</td><td colspan="6">R[rd]←R[rs]⊕R[rt]</td></tr>
<tr><td>功能说明</td><td colspan="6">将寄存器 rs 和 rt 的值进行逻辑异或,结果保存到寄存器 rd 中</td></tr>
</table>

LW

<table>
<tr><td rowspan="2">指令编码</td><td>31-26</td><td>25-21</td><td>20-16</td><td>15-0</td></tr>
<tr><td>100011</td><td>base</td><td>rt</td><td>offset</td></tr>
<tr><td>指令格式</td><td colspan="4">LW rt, offset(base)</td></tr>
<tr><td>指令功能</td><td colspan="4">R[rt]←MEM[R[base] + Sign_extend (offset)]</td></tr>
<tr><td>功能说明</td><td colspan="4">从内存中读取数据到寄存器 rt 中,内存地址为寄存器 base 的内容与立即数(进行符号扩展后)offset 之和</td></tr>
</table>

SW

<table>
<tr><td rowspan="2">指令编码</td><td>31-26</td><td>25-21</td><td>20-16</td><td>15-0</td></tr>
<tr><td>101011</td><td>base</td><td>rt</td><td>offset</td></tr>
<tr><td>指令格式</td><td colspan="4">SW rt, offset(base)</td></tr>
<tr><td>指令功能</td><td colspan="4">MEM[R[base] +Sign_extend (offset)]←R[rt]</td></tr>
<tr><td>功能说明</td><td colspan="4">将寄存器 rt 的值写入到内存中,内存地址为寄存器 base 的内容与立即数(进行符号扩展后)offset 之和</td></tr>
</table>

多周期 CPU 控制器的功能为根据指令的操作码,分步骤生成完成指令功能所需要的控制信号。该简单 CPU 的组成如图 5.18 所示。

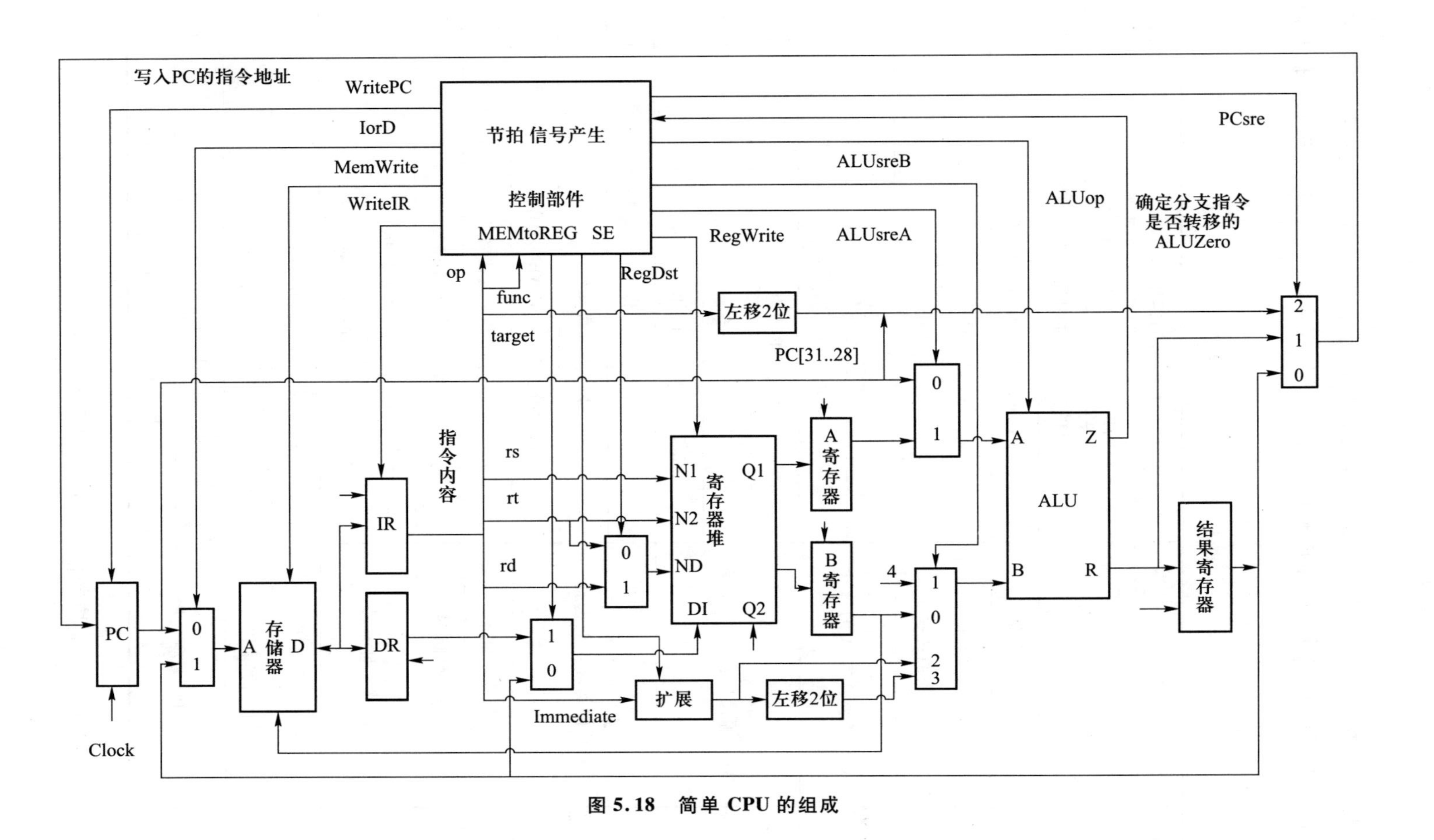

图 5.18 简单 CPU 的组成

该控制器为每条指令设计了5个指令周期,分别是取指、译码、执行、访存和写回。控制器根据指令操作码和所处的指令周期,生成相应的控制信号,完成该周期的指令功能。控制信号说明如表5.12所示。

表5.12 控制信号及其说明

控制信号	说明	有效时的作用	值
RegDst	选择目的寄存器	目的寄存器为 rt 寄存器	0
		目的寄存器为 rd 寄存器	1
RegWrite	是否写寄存器	为1时,将数据写入寄存器	
MemtoReg	写入寄存器堆的数据来源选择	来源于 ALUOut	0
		来源于 DR	1
ALUSrcA	ALU 源操作数 A 的选择	来源于 PC	0
		来源于 A 寄存器	1
ALUSrcB	ALU 源操作数 B 的选择	来源于 B 寄存器	00
		常数 4	01
		经符号扩展后的立即数 imme	10
ALUOp	ALU 的运算功能选择	ALU 执行加操作	00
		ALU 执行减操作	01
		指令的功能字段决定 ALU 操作	10
MemRead	是否读存储器	为1时,从存储器中读出数据	
MemWrite	是否写存储器	为1时,将数据写入存储器	
IorD	存储器地址来源	来源于 PC,即读出来的是指令	0
		来源于 ALUout,即进行数据读写	1
WriteIR	是否写入 IR	为1时,存储器的输出写入 IR	
WritePC	是否改写 PC	为1时,改写 PC 的值	
PCSrc	新的 PC 来源选择	来源于 ALUOut 寄存器	0
		来源于 ALU 的输出	1

每条指令在每个指令周期控制信号的值如表5.13所示。

表 5.13　7 条指令的值

	操作	RegDst	RegWrite	MemtoReg	ALUSrcA	ALUSrcB	ALUOp	MemRead	MemWrite	IorD	WriteIR	WritePC	PCSrc
相同周期	取指	00	0	0	0	01	00	1	0	0	1	1	1
	译码				0	10	00	0			0	0	
ADDU	操作	RegDst	RegWrite	MemtoReg	ALUSrcA	ALUSrcB	ALUOp	MemRead	MemWrite	IorD	WriteIR	WritePC	PCSrc
	执行				1	00	00						
	写回	1	1	0				0	0				
SUBU	操作	RegDst	RegWrite	MemtoReg	ALUSrcA	ALUSrcB	ALUOp	MemRead	MemWrite	IorD	WriteIR	WritePC	PCSrc
	执行				1	00	01						
	写回	1	1	0				0	0				
BEQ	操作	RegDst	RegWrite	MemtoReg	ALUSrcA	ALUSrcB	ALUOp	MemRead	MemWrite	IorD	WriteIR	WritePC	PCSrc
	执行				1	0	01						0
JR	操作	RegDst	RegWrite	MemtoReg	ALUSrcA	ALUSrcB	ALUOp	MemRead	MemWrite	IorD	WriteIR	WritePC	PCSrc
	执行				1	0	00					1	1
XOR	操作	RegDst	RegWrite	MemtoReg	ALUSrcA	ALUSrcB	ALUOp	MemRead	MemWrite	IorD	WriteIR	WritePC	PCSrc
	执行				1	00	10						
	写回	1	1	0				0	0				
LW	操作	RegDst	RegWrite	MemtoReg	ALUSrcA	ALUSrcB	ALUOp	MemRead	MemWrite	IorD	WriteIR	WritePC	PCSrc
	执行				1	10	00						
	访存		0					1		1		0	
	写回	0	1	1				0	0				
SW	操作	RegDst	RegWrite	MemtoReg	ALUSrcA	ALUSrcB	ALUOp	MemRead	MemWrite	IorD	WriteIR	WritePC	PCSrc
	执行				1	10	00						
	访存		0						1	1		0	
	写回							0	0	0			

5. 主要实验步骤

(1) 定义输入信号

① 指令:由拨码开关决定,作为输入。

② 时钟:分为手动时钟和 50 MHz 时钟。其中手动时钟作为控制器状态机跳转的时钟,50 MHz 时钟控制 LED 灯显示结果。

③ 重置:reset 键。

④ 进行展示的必要控制信号:包括 ALUZero 信号和控制查看不同类别控制信号状态机的 showCtrl 键,两者皆为输入。

(2) 定义 13 个需输出的控制信号

(3) 定义状态机,并在控制器的不同周期,对控制信号进行赋值

(4) 验证过程

① 将编译好的控制器烧入实验板。

② 用手拨动拨码开关,按照指令格式预置一个指令。拨码拨上(on)表示 1,相反表示 0。

③ 按 reset 键初始化。

④ 按手动时钟,查看每个时钟周期产生的控制信号。在同一个时钟周期内,可以通过 showCtrl 键控制 LED 灯显示不同类别的信号。showCtrl 作为时钟输入,控制 LED 灯按照 PC、ALU、Memory、Register 的顺序显示信号,其中信号的管脚编号如表 5.14 所示。

表 5.14 信号的管脚编号

类别	信号	管脚
PC	Write PC	15
	PCSrc	11
ALU	ALUOp	15-14
	ALUSrcA	11
	ALUSrcB	7-6
Memory	MemRead	15
	MemWrite	11
	WriteIR	7
	MemtoReg	3
Register	RegWrite	15
	RegDst	11
	IorD	7

记录所输出的控制信号。注意,同一进程中只能有一个时钟。信号只能在一个进程中进行赋值操作。实验板上的 4 个 key 键比较灵敏,在观察实验结果时可以按得慢一些,注意查看当前状态机的状态是否为预期状态。

管脚分配表如表 5.15 所示。

表 5.15　多周期 CPU 控制器实验管脚分配表

端口性质	端口		管脚	说明
	reset_btn		F22	复位键 RST
	clock_btn		H19	单步时钟 CLK
	clk_50M		D18	50 MHz 时钟
	showCtrl		J19	通用按键 1
	ALUZero		E25	通用按键 2
	SW0		N3	
	SW1		N4	
	SW2		P3	
	SW3		P4	
	SW4		R5	
	SW5		T7	
	SW6		R8	
	SW7		T8	
	SW8		N2	
	SW9		N1	
	SW10		P1	
	SW11		R2	
	SW12		R1	拨码开关输入指令
	SW13		T2	
	SW14		U1	
	SW15		U2	
	SW16		U6	
	SW17		R6	
	SW18		U5	
	SW19		T5	
	SW20		U4	
	SW21		T4	
	SW22		T3	
	SW23		R3	
	SW24		P5	
	SW25		P6	

续表

端口性质	端口		管脚	说明
	SW26		P8	
	SW27		N8	
	SW28		N6	
	SW29		N7	
	SW30		M7	
	SW31		M5	
输出	L0		A17	发光二极管
	L1		G16	
	L2		E16	
	L3		H17	
	L4		G17	
	L5		F18	
	L6		F19	
	L7		F20	
	L8		C17	
	L9		F17	
	L10		B17	
	L11		D19	
	L12		A18	
	L13		A19	
	L14		E17	
	L15		E18	

6. 实验数据

记录控制其每条指令在每个指令周期下的控制信号输出。

7. 思考题

① 根据实验结果,给出指令输入后在数据通路中的执行过程。

② 为该 CPU 自行增加 1 ~ 2 条指令,并观测新增指令的控制信号。

第 6 章　单周期 CPU 系统设计实验

本章在第 5 章实验的基础上，完成一个单周期 CPU 系统的设计和实现，目标是能够运行一个计算斐波那契数列的程序。指令系统包含 addu、ori、beq 3 条 MIPS32 指令，计算出的数据要求在 ThinPAD-Cloud 的指示灯上显示出来。

6.1　指令系统实验

本指令系统实验是单周期 CPU 系统实验的第一部分，目标是使用指令来完成斐波那契数列的计算。根据这个目标，选择 MIPS32 指令系统中的 addu、ori、beq 3 条指令作为指令系统。本实验将围绕这 3 条指令进行。

1. 实验目的

① 熟悉指令系统，理解和掌握 addu、ori、beq 3 条指令的功能、指令格式和寻址方式。

② 熟悉并掌握 QEMU 模拟器的功能和用法。

③ 了解和掌握调试器 GDB 的使用方法。

2. 实验环境

① 硬件环境：个人计算机；Windows 7 及以上操作系统。

② 软件环境：模拟器 QEMU 和调试器 GDB。

3. 实验内容

① 根据实验原理中的要求，用指定的 3 条指令编写一个可计算斐波那契数列的汇编语言程序，并将其翻译成机器语言代码。

② 使用模拟器 QEMU 和调试器 GDB 对该程序进行单步调试，观察程序的每条指令执行完成后各相关寄存器的数值。

4. 实验原理

本实验通过设计一个简单的汇编语言程序，使用 3 条 MIPS32 指令计算斐波那契数列的前 N 个值，存放在寄存器中，为接下来的单周期 CPU 设计和实现实验打好基础。

计算斐波拉契数列的前 N 个值本身十分简单。伪代码如下：

```
语句1:将寄存器 $t0 赋值为1
语句2:将寄存器 $t1 赋值为1
语句3:将寄存器 $t0 和 $t1 的和赋值给寄存器 $t2;      // $t2 为斐波那契数的值
语句4:将 $t0 赋值为 $t1 的值
语句5:将 $t1 赋值为 $t2 的值
语句6:无条件跳转到语句3      //指令执行 N 次手动跳出
语句7:空指令 NOP
```

指令系统中已经有加法指令，可以完成语句3的求和运算，也有条件跳转指令 beq，只要将被比较的两个寄存器设置成同一个，就可以完成语句6的功能。显然，剩下的赋值和空指令的功能需要用 ori 指令来实现，请根据上述提示完成程序的汇编语言设计。

5. 主要实验步骤

本实验要求用指定的指令完成要求的功能，并使用模拟器 QEMU 和调试器 GDB 进行单步调试，具体步骤如下：

① 用指定的指令编写汇编语言程序，实现实验要求的功能。

② 将汇编语言程序翻译成对应的机器语言程序。注意每条指令的指令格式和寻址方式。

③ 使用模拟器 QEMU 和调试器 GDB，对机器语言程序进行调试。单步执行每条指令后观察相应寄存器的值，到第10个斐波那契数后退出模拟。如有错误，修改程序，直到程序运行正确。

④ 记录实验结果并记录步骤数，也就是执行指令的条数。

6. 实验数据

将实验过程中进行的操作与结果数据记录如下：

步骤	执行的指令	预期结果(PC, \$t0, \$t1, \$t2)	实际结果(PC, \$t0, \$t1, \$t2)	一致性

7. 思考题

① 程序最后为什么要放一条 NOP 指令？

② 如果在单周期 CPU 上执行该程序，那么每个时钟周期对应本实验调试过程的操作是什么？

6.2 单周期 CPU 设计与实现

实验 6.1 中编写了一个计算前 N 个斐波那契数的程序，该程序只使用了 3 条 MIPS 指令。本实验要求在 ThinPAD-Cloud 实验平台上实现一个单周期 CPU，可以正确运行这个程序，并在 LED 灯上逐个显示出斐波那契数。

1. 实验目的

① 理解单周期 CPU 的工作原理和内部控制机制，掌握单周期 CPU 的基本设计方法。

② 熟悉 ThinPAD-Cloud 实验平台的开发环境，掌握各工具软件的使用方法。

2. 实验环境

① 硬件环境：个人计算机，Windows 7 及以上操作系统；ThinPAD-Cloud 实验平台。

② 软件环境：FPGA 开发工具软件 Vivado。

3. 实验内容

使用 ThinPAD-Cloud 实验平台上的 FPGA 芯片，设计一个支持 addu、ori 和 beq 这 3 条 MIPS32 指令的单周期 CPU，能单步运行实验 6.1 设计的求斐波那契数的程序，并将结果显示在 LED 灯上。为简单起见，机器语言程序可直接存放在 FPGA 的存储块内，程序单步执行，按下 CLK 按钮一次，执行一条指令，按 Reset 按钮重新开始执行。设计该 CPU 并在 ThinPAD-Cloud 实验平台上调试正确，记录斐波那契程序的执行过程。

4. 实验原理

本实验要求设计一个支持 3 条指定指令的单周期 CPU 系统。分析 3 条指令的指令格式，addu 是寄存器型，ori 和 beq 都是立即数型指令，设计出所需要的数据通路。

单周期 CPU，每条指令用一个机器周期完成，由于 3 条指令都没有涉及 mem 操作，且立即数扩展都是符号扩展，又都需要写入目的寄存器，因此所需要的控制信号也比较简单，就是一个寄存器写 WE。具体寄存器实现的代码参考实验 5.2，可将其扩展为 32 位寄存器堆用于本实验。

指令执行过程分为取指令、译码（读操作数）、计算、写回 4 个阶段，每个时钟起始时开始执行一条指令，根据 PC 的值得到指令，进行 PC+4 操作；然后，读取寄存器堆，得到操作数；并根据指令操作码，执行相应的计算功能，将结果写回到目的寄存器中，如果是 beq 指令，需要改写 PC 的值。

5. 主要实验步骤

本实验使用 Reset 按钮和 CLK 按钮来控制程序的执行过程，发光二极管作为输出，根据实验要求,在 FPGA 中实现单周期 CPU。具体步骤如下。

(1) 定义信号

① 绑定 Reset 按钮作为启动信号,时钟绑定为手动时钟。

② 绑定 LED 灯,用来显示从寄存器堆读出的数据。

(2) 验证过程

① 将编译好的单周期 CPU 模块烧入实验板,斐波那契数程序也内置到 FPGA 中。

② 按 Reset 按钮,启动程序的执行,然后按 CLK 按钮,单步执行程序,注意观察 PC 值是否正确(建议将 PC 值也以某种方式输出)。

③ 记录每条指令执行后对应寄存器的值,并与预期的值进行对比。

管脚分配表如表 6.1 所示。

表 6.1　单周期 CPU 实验管脚分配表

<table>
<tr><th>端口性质</th><th>端口</th><th>管脚</th><th>说明</th></tr>
<tr><td>输入</td><td>CLK</td><td>H19</td><td>单步时钟 CLK</td></tr>
<tr><td rowspan="16">输出</td><td>L0</td><td>A17</td><td rowspan="4">LED 显示 PC 低 4 位</td></tr>
<tr><td>L1</td><td>G16</td></tr>
<tr><td>L2</td><td>E16</td></tr>
<tr><td>L3</td><td>H17</td></tr>
<tr><td>L4</td><td>G17</td><td rowspan="4">LED 显示 $ t0 低 4 位</td></tr>
<tr><td>L5</td><td>F18</td></tr>
<tr><td>L6</td><td>F19</td></tr>
<tr><td>L7</td><td>F20</td></tr>
<tr><td>L8</td><td>C17</td><td rowspan="4">LED 显示 $ t1 低 4 位</td></tr>
<tr><td>L9</td><td>F17</td></tr>
<tr><td>L10</td><td>B17</td></tr>
<tr><td>L11</td><td>D19</td></tr>
<tr><td>L12</td><td>A18</td><td rowspan="4">LED 显示 $ t2 低 4 位</td></tr>
<tr><td>L13</td><td>A19</td></tr>
<tr><td>L14</td><td>E17</td></tr>
<tr><td>L15</td><td>E18</td></tr>
</table>

6. 实验数据

将实验过程中进行的操作与结果数据记录如下：

步骤	执行的指令	预期结果(PC, $t0, $t1, $t2)	实际结果(PC, $t0, $t1, $t2)	一致性

7. 思考题

① 请说明设定 CPU 主频的依据。

② 在单周期 CPU 中增加 1 ~ 2 条指令，并编写程序验证新指令的功能。

③ 尝试将程序放到存储器芯片中，重新设计单周期 CPU。

第 7 章　多周期 CPU 计算机系统实验

本章在第 5 章实验的基础上,完成一个多周期 CPU 系统的设计和实现,目标是能够运行第 2 章中监控程序 Kernel 的基础版。基础版监控程序 Kernel 使用了 21 条 MIPS32 指令(详见 2.1 节),使用 ThinPAD-Cloud 实验平台的串口作为 I/O 接口,可连接运行终端程序 Term 的 PC 机。这样,用户可以使用 term 提供的人机界面,通过 Kernel 提供的功能来调试、运行自己用汇编语言编写的应用程序。

与第 6 章实现的单周期 CPU 不同,本章要求实现的是一个多周期 CPU 系统。多周期 CPU 系统设计的重点是数据通路的设计,以及指令系统中每条指令的功能在这个数据通路上的具体实现步骤。

7.1　指令系统实验

设计和实现一个多周期 CPU 系统,首先还是熟悉需要实现的指令系统。本实验通过模拟器 QEMU 来模拟运行监控程序 Kernel,帮助大家熟悉监控程序的使用方法,准确掌握指令系统中每条指令的功能。

1. 实验目的

① 熟悉 Kernel 程序的功能和实现框架,掌握其编译方法,熟练运用模拟器 QEMU 运行 Kernel 程序,并能和 Term 程序顺畅对接。

② 熟悉指令系统,理解和掌握基础版 Kernel 所使用的 21 条指令的功能、指令格式和寻址方式。

③ 掌握监控程序中 4 条命令的使用方法,能通过监控程序编辑、汇编、运行自己编写的简单汇编程序。

2. 实验环境

① 硬件环境:个人计算机,Linux 或 Windows 7 及以上操作系统,要求安装有 Python 解释环境。

② 软件环境：模拟器 QEMU、监控程序 Kernel 和 Term，MIPS32 工具链、make 工具。

3. 实验内容

① 阅读 Kernel 和 Term 程序源代码，了解两个程序的框架结构，理解程序功能的实现方法。

② 扩展监控程序功能，使监控程序能汇编、反汇编现有指令系统之外的指令。

③ 利用 MIPS 工具链编译所需的基础版 kernel. bin，使用 QEMU 模拟器运行编译出来的程序，并能和 Term 程序配合使用。

④ 编写汇编语言程序，求前 10 个斐波那契数，将结果保存在起始地址为 0x80400000 的连续的内存中，每个斐波那契数占两个字的内存空间。在监控程序中调试运行该程序。

⑤ 编写汇编语言程序，在终端上输出 ASCII 字符表，并在监控程序中调试运行该程序。

⑥ 尝试编写更多的汇编语言程序，并在监控程序中运行。

4. 实验原理

本实验通过模拟器 QEMU 来仿真 CPU 功能，帮助大家掌握模拟器、监控程序 Kernel 和 Term 的使用方法，为后续多周期 CPU 的设计和实现打好基础。

首先是编译 Kernel。实验材料中提供了 Kernel 的源程序，使用 GCC 编译器将源程序编译成机器代码。通过选择使用 GCC 的编译选项，可以编译出 Kernel 的 3 个版本（详细见第 2 章），本实验建议大家使用相对简单的基础版，要读懂 Kernel 的高级语言程序，而且还要仔细阅读汇编出来的汇编语言程序，从而加快实验的调试过程，提高实验效率。

模拟器的正确使用也很重要，通过观察 Kernel 的单步执行过程，可以加深对监控程序功能的理解，并准确掌握每条指令的功能。后续 CPU 设计实验的调试过程中，将模拟器作为参照对象，可以方便地分析 CPU 设计中的错误。

指令格式是 CPU 设计中对指令进行分析的基础。虽然本实验的过程不太涉及指令格式的细节，但还是希望大家在实验过程中注意每条指令的指令格式和寻址方式。

5. 主要实验步骤

本实验的建议实验步骤如下：

① 正确选择编译选项，编译 Kernel 源代码，得到执行程序 kernel. bin。

② 将 kernel. bin 装入到模拟器 QEMU 运行，并和 Python 编写的 term 程序连接。

③ 在 Term 程序的界面上，使用监控程序的“A”命令，输入编写好的汇编程序，注意汇编后的机器代码存放到正确的内存地址。

④ 使用“U”命令，检查刚才输入的汇编代码是否有错误，尤其要检查程序末尾是否以“jr $31”以及“nop”两条指令结束。

⑤ 使用“G”命令执行对应的应用程序。

⑥ 记录实验结果。

⑦ 对于其他的应用程序,重复实验步骤③ ~ ⑥。

6. 实验数据

① 阅读源程序后,分别画出 Kernel 和 Term 程序的流程图。

② 记录自己编写的应用程序的运行结果,以截图的方式提供。

7. 思考题

① 请根据自己的理解对用到的指令进行分类,并说明分类原因。

② 对于带有立即数的指令,举例说明哪些指令是对立即数进行符号扩展的,而哪些指令是对立即数进行零扩展的。

③ 结合 Term 源代码和 Kernel 源代码,说明 Term 是如何实现用户程序计时的。

④ 结合 G 命令在 Kernel 中的实现,说明为何所有的用户程序都需要在末尾添加“jr $31”与“nop”指令。

⑤ 说明 Kernel 是如何使用串口的(在源代码中,这部分有针对 FPGA 与 QEMU 两个版本的代码,任选其一进行分析即可)。

⑥ Term 如何检查 Kernel 已经正确连入? 再分别指出检查代码在 Term 与 Kernel 源码中的位置。

7.2 多周期 CPU 计算机系统设计与实现

本实验要求实现一个多周期 CPU 的计算机系统,以支持第 2 章中基础版的监控程序的运行。并能在 Kernel 的调用下,正确运行实验 7.1 中所编写的应用程序。

1. 实验目的

① 理解多周期 CPU 的工作原理和内部控制机制,掌握多周期 CPU 的基本设计方法。

② 进一步加深指令系统作为计算机硬件和软件接口的理解。

③ 理解总线的作用和基本实现方法,了解输入/输出系统的实现原理。

④ 全面深入理解和掌握计算机系统的基本知识,提高计算机硬件和软件综合设计能力。

2. 实验环境

① 硬件环境:个人计算机,Linux 或 Windows 7 及以上操作系统;ThinPAD-Cloud 实验平台。

② 软件环境:FPGA 开发工具软件 Vivado,ThinPAD-Cloud 实验平台软件开发工具包。

3. 实验内容

在 ThinPAD-Cloud 实验平台上,设计一个多周期 CPU 系统,实现第 2 章中 Kernel 基础版所需要的 21 条指令,以运行 Kernel 程序基本版,并在 Kernel 调用下,运行实验 7.1 中所编写的应用程序。

本实验要求 Kernel 程序存放在 ThinPAD-Cloud 实验平台的内存芯片中，Kernel 运行所需要使用的数据区也使用内存芯片提供的存储空间。由于 Kernel 基本版有输入/输出功能，需要使用 UART 实现的串口来和 Term 程序连接。因此，访存和输入/输出成为本实验 CPU 必须实现的功能。

4. 实验原理

本实验的核心是设计一个支持 21 条指令的多周期 CPU。实验原理主要包括数据通路的设计以及多周期控制器设计。

数据通路设计的基础是指令的执行过程。分析要实现的 21 条指令，从寻址方式角度，可以将它们划分为寄存器型、立即数型和跳转型 3 类。指令的执行过程可以分为取指令（IF）、指令译码（ID）、计算（EXE）、访存（MEM）和写回（WB）5 个步骤。因此，数据通路的设计要满足这 5 个执行步骤的实现。当然，对于不同类型的指令，所需要的执行步骤并不完全相同。

数据通路设计完成后，就需要设计控制器来控制每条指令的功能在数据通路上的实现。传统的多周期控制器有微程序和组合逻辑两种主要的实现方法，主要区别在于控制信号生成方法的不同。微程序控制器曾经是多周期控制器 CPU 实现的主流，但随着半导体技术的发展，组合逻辑控制器逐渐成为主流，建议使用组合逻辑控制器来完成本实验。

组合逻辑控制器的主要组成部件有程序计数器 PC、指令寄存器 IR、节拍发生器和控制信号生成部件。节拍发生器是一个状态机，根据不同的指令来实现不同的执行步骤，其输入是指令的操作码和当前的执行步骤，输出是该指令的下一个执行步骤。控制信号生成部件完成指令的当前执行步骤所需要的控制信号的生成。

这样，控制器的设计主要就是为每条指令功能的实现设计其对应的执行步骤，以及实现功能的控制信号。设计过程是给出每条指令的执行步骤，称之为指令流程图。然后，为流程图上的每个状态设计对应的控制信号的取值，称之为指令流程表。再根据指令流程图得到节拍发生器的逻辑，以实现相应的状态机。最后根据指令流程表，实现相应的控制信号生成部件的功能。

5. 主要实验步骤

本实验在 ThinPAD-Cloud 实验平台上实现一个多周期 CPU，运行监控程序 Kernel，并在 Kernel 的控制下，运行实验 7.1 的应用程序。实验的综合性比较强，过程相对其他实验来说比较复杂，自主设计的空间也比较大。建议的实验步骤如下。

（1）多周期 CPU 设计

① 认真分析所需要实现的 21 条指令的指令功能和指令格式，理解其寻址方式。在此基础上，根据教材中 MIPS32 指令系统的数据通路，设计出能实现全部 21 条指令的数据通路，画出数据通路的示意图，标注出数据通路各组成部件所需要的控制信号。

② 在数据通路的基础上，根据每条指令的功能，划分出实现指令功能的指令执行步骤，以及每个步骤下完成的具体功能，最终形成指令集所有指令的指令流程图。其中，尤其要注意访存指令的实现，根据访问地址区分访问存储器芯片单元和访问串口。

③ 根据指令流程图，形成指令集中全部指令的指令流程表，即每条指令在每个执行步骤下所需要生成的控制信号的具体取值。

（2）编码实现

① 根据设计结果，分模块实现数据通路各组成部件，并进行仿真测试。

② 根据指令流程图设计实现有限状态机，根据指令流程表实现控制信号生成部件的功能，并进行单元测试。

③ 将各模块功能组合在一起，形成完整的 CPU 系统。根据数据通路各部件的延迟，合理确定机器周期。

④ 根据实际情况需要，为 CPU 分配管脚。

（3）上板调试

① 设计测试用例，对各模块功能进行单元测试，确保模块功能正确性。

② 逐条测试每条指令执行的正确性，并验证当前指令执行完成后，能正确获取下一条指令的地址。

③ 设计一些小程序，测试 CPU 功能的正确性。

④ 将 Kernel 装入到内存指定的地址，测试 CPU 能否正确运行。

⑤ 在 Kernel 下运行应用程序及 Kernel 自带的测试用例。

本实验所使用的管脚比较多，且设计的自主程度较高，请自行根据实际需要进行管脚分配。

6. 实验数据

记录监控程序实际运行的截图和应用程序运行结果的截图。

7. 思考题

① 请说明设定 CPU 主频的依据。

② 在多周期 CPU 中增加 1 ~2 条指令，并编写程序验证新指令功能的正确性。

③ 如果要求 CPU 在启动时，能够将存放在 Flash 上固定位置的监控程序读入内存，CPU 应如何改动？

④ 如何将 VGA 和键盘作为系统的输入/输出设备？

7.3 Bootloader 实验

之前的实验中，程序代码都是预先加载到内存中，CPU 直接从内存取指令执行。实际的计算机在通电时内存中是没有程序的,因此需要 Bootloader(如 BIOS)先从外存储器中将程序代码复制到内存中,再跳转到内存执行程序。本实验就是要实现一个简单的 Bootloader 程序,为运行操作系统打下基础。

1. 实验目的

① 理解启动引导程序的功能和原理。

② 了解 ELF 可执行文件格式。

③ 掌握 FPGA 片内集成 CPU 与 BootROM 的方法。

2. 实验环境

① 硬件环境:个人计算机,Linux 或 Windows 7 及以上操作系统;ThinPAD-Cloud 实验平台。

② 软件环境:FPGA 开发工具软件 Vivado。

3. 实验内容

在已有多周期 CPU 设计中,添加一个 BootROM 存储区域,用于存储 Bootloader 代码。修改 CPU 设计,使复位后的 CPU 先执行 Bootloader 代码。Bootloader 将从 Flash 加载目标程序至内存,随后跳转到内存中执行。

4. 实验原理

标准的 MIPS32 处理器在复位后,PC 寄存器的值为 0xBFC00000,这一地址通常指向一块只读存储器区域,里面存放有 Bootloader 代码。CPU 执行 Bootloader 代码,将目标程序(如监控程序或操作系统)加载到内存中,再跳转到内存运行目标程序。由于 ROM 和 Flash 中的代码掉电后不会丢失,这一设计保证了 CPU 上电后能够自动启动。

μCore 操作系统源码中附带一个 Bootloader 实现(boot/bootasm. S),这段汇编代码支持从 Flash 中读取 ELF 可执行文件,并将文件中的代码部分复制到内存中,随后跳转至 ELF 中指定的入口地址(entry point)。该 Bootloader 对于 ELF 文件是通用的,所以既可以引导 μCore,也可以引导监控程序。

ELF(executable and linking format)文件格式是 Linux 系统中标准的可执行文件格式。在监控程序实验中,编译 kernel 得到的 kernel. elf 文件就是一个典型的 ELF 文件。利用 readelf 工具(参见第 2 章的说明)读取文件中的程序头部信息(Program Headers),可以得到如下结果。

```
Elf file type is EXEC (Executable file)
Entry point 0x800011bc
There are 4 program headers, starting at offset 52

Program Headers:
  Type           Offset   VirtAddr   PhysAddr   FileSiz MemSiz  Flg Align
```

```
   ABIFLAGS        0x015000 0x807f5000 0x807f5000 0x00018 0x00018 R  0x8
   LOAD            0x010000 0x80000000 0x80000000 0x02108 0x02108 R E 0x10000
   LOAD            0x020000 0x807f0000 0x807f0000 0x00000 0x05000 RW  0x10000
   LOAD            0x015000 0x807f5000 0x807f5000 0x00018 0x00018 R  0x10000

 Section to Segment mapping:
 Segment Sections...
    00     .MIPS.abiflags
    01     .text.init .text.ebase .text.ebase180 .text
    02     .bss
    03     .MIPS.abiflags
```

可见该可执行文件的入口地址是0x800011bc,它包含4个Segment。每个Segment的内容位于文件中的位置由Offset字段指明,长度则由FileSiz字段指明。该Segment需要被复制到的目标内存地址由VirtAddr字段指明。

Bootloader程序只需要解析ELF,然后根据Program Headers中的这些字段,将Segment的内容复制到指定地址即可。

5. 主要实验步骤

① 在FPGA中用Verilog编写一个BootROM模块,用于存储Bootloader。

② 将BootROM的初始化内容设为Bootloader的机器码。

③ 修改CPU取指模块,将PC复位值改为0xBFC00000(虚拟地址),并在硬件逻辑中把物理地址0x1FC00000~0x1FC00FFF映射到BootROM区域。

④ 修改CPU访存模块,将地址0x1E000000~0x1EFFFFFF映射到Flash存储器。

⑤ 利用ThinPAD-Cloud控制面板,将监控程序kernel.elf写入实验板Flash中。

⑥ 写入并调试FPGA设计,使得Bootloader能正确加载和运行监控程序。调试时可以利用工具读取内存,检查内存里内容与ELF的一致性。

6. 实验数据

① 使用实验平台上的内存读取工具,导出内存中的监控程序,对比监控程序是否正确。

② 记录监控程序实际运行的截图和应用程序运行结果的截图,观察监控程序是否正确运行。

7. 思考题

① 试解释ELF的Program Headers中的Segment和Section间的关系。

② 为何监控程序的kernel.elf中存在一些Segment,它们的文件大小(FileSiz)是0,而内存大小(MemSiz)却不是0?这样的设计有何意义?

7.4 支持中断的多周期 CPU 设计

本实验要求在实验 7.2 多周期 CPU 计算机系统的基础上,加入中断支持,能够运行第 2 章中中断版本的监控程序,并且能通过 ThinPAD-Cloud 实验平台上的按钮触发 CPU 中断。

1. 实验目的

① 理解中断的原理和实现机制。

② 了解 MIPS CP0 协处理器的功能和作用。

③ 进一步提高计算机硬件和软件综合设计能力。

2. 实验环境

① 硬件环境:个人计算机,Linux 或 Windows 7 及以上操作系统;ThinPAD-Cloud 实验平台。

② 软件环境:FPGA 开发工具软件 Vivado,ThinPAD-Cloud 实验平台软件开发工具包。

3. 实验内容

在实验 7.2 的多周期 CPU 计算机系统基础上,添加中断支持,使之能够运行第 2 章中 Kernel 的中断扩展版本。在 ThinPAD-Cloud 实验平台上,通过按钮作为外部中断源,能够打断应用程序的执行并且能正常恢复。

为了达到以上目标,需要实现 4 条新指令,以及 CP0 协处理器中的 4 个相关寄存器。还需要改进控制器以正确响应中断和异常信号。

4. 实验原理

MIPS CPU 通过 CP0 协处理器处理中断和异常。相关的 CP0 寄存器有以下 4 个:

- Status:其中的标志位控制中断是否开启。
- EBase:控制中断处理函数的入口地址。
- Cause:记录中断和异常的原因。
- EPC:记录发生中断时的 PC 地址。

当 CP0 检测到异常或者发生中断时(开启中断),首先设置 Status 中相关标志位,然后分别在 Cause 和 EPC 寄存器中填入原因和当前计数器(PC)值,最后根据 EBase 跳转到中断入口地址。

本次实验中需要实现与中断相关的指令有以下 4 个:

- ERET:执行中断返回。
- SYSCALL:触发一个 SYSCALL 异常。
- MFC0:读取 CP0 寄存器的值到通用寄存器。
- MTC0:从通用寄存器写入值到 CP0 寄存器。

当软件完成中断处理时,执行 ERET 指令。CPU 首先设置 Status 中的相关标志位,然后将 PC 重置为 EPC,恢复被打断程序的执行。

5. 主要实验步骤

基于实验 7.2 工作的基础上进行补充完善:

(1) 功能设计

① 在数据通路示意图中增加 CP0 模块和必要的门电路。

② 在指令流程表中增加新的控制信号,补充 4 条新指令的生成信号。

③ 在指令流程图中加入中断和异常处理步骤。

(2) 编码实现

① 根据设计结果,对各个模块进行改进。

② 运行单元测试和仿真测试,保证原有功能不被破坏。

③ 设计新的单元测试,并仿真运行中断版的 Kernel,检验新功能的正确性。

(3) 上板调试

① 将中断版的 Kernel 装入内存,检查 CPU 的运行情况。

② 尝试运行 Kernel 自带的测试用例。

③ 在测试用例运行过程中,按下按钮触发中断,检查 CPU 是否正确处理了中断。

6. 实验数据

记录监控程序实际运行的截图和应用程序运行结果的截图。

7. 思考题

① 如何处理延迟槽指令的中断和恢复?

② 如何处理不同中断和异常的优先级?

第8章　指令流水 CPU 计算机系统实验

本章的实验目标是设计和实现流水线 CPU 的计算机系统,也是处理器设计实验的核心部分。本章完成的计算机系统在原理上接近现代计算机系统。

8.1　TLB 组件实验

TLB(translation lookaside buffer,地址翻译旁路缓存)是一个内存管理单元,用于改进虚拟地址到物理地址的转换速度。在 ThinPAD-Cloud 实验平台中,可使用 FPGA 中的锁存器来完成 TLB 的功能。

1. 实验目的

① 理解 TLB 的概念和基本原理。

② 通过实践理解和掌握 TLB 的初始化实现方法。

③ 培养硬件设计和调试的能力。

2. 实验环境

① 硬件环境:个人计算机,Windows 7 及以上操作系统;ThinPAD-Cloud 实验平台。

② 软件环境:FPGA 开发工具软件 Vivado;监控程序运行环境。

3. 实验内容

在 ThinPAD-Cloud 实验平台上,用 Verilog 语言设计一个 TLB 组件。具体要求如下:

① 支持页表项的更新和查询功能。

② 支持存储 16 组奇偶 TLB 条目,每个条目包含两个表项,共 32 个页表项。

③ 支持 PFN、VPN2、V 等页表字段,虚、实页号均为 8 位(VPN2 为 7 位)。

④ 在硬件上实现并调试设计方案,展示实验结果。

4. 实验原理

TLB 是计算机虚存技术中提升性能的重要部件,在现代计算机中得到广泛应用。本实验要求初步理解和掌握 TLB 概念、原理和基本方法。在 MIPS32 架构中,TLB 的组织方法为:虚页号相邻的两个奇偶页表项存储在一起，更新时必须同时更新，查询时则分别查询。在MIPS32处理器中，更新TLB是通过写CP0寄存器实现的。这里采用简化的实现，用拨码开关输入PFN、VPN2、V等数据，并按时钟按钮更新页表项。TLB更新策略有很多种，这里为了方便验证，采用按顺序循环更新16个条目的方法。查询TLB时，拨码开关输入虚页号，TLB在V=1的条目中匹配虚页号，匹配成功则通过LED灯显示翻译得到的实页号，否则在数码管上显示错误。

5. 主要实验步骤

① 复习TLB的相关概念，包括虚拟页号、物理页号和页表结构等。

② 根据FPGA的特点设计TLB存储结构，并保证复位后所有表项V=0。

③ 设计TLB的更新功能，更新时用拨码开关分别输入VPN2及奇偶页的PFN和V，按一下时钟按钮后写入TLB。同时数码管用十六进制显示被更新的条目序号(0~F)。开关功能如下：

SW31~25	SW23~16	SW15~8	SW7	SW6	SW0
VPN2	PFN_1	PFN_0	V_1	V_0	1(表示更新操作)

④ 设计TLB查询功能，拨码开关输入虚页号，如果查询成功，LED立即显示实页号，不需要按时钟按钮。如果查询失败，则点亮数码管，表示发生异常。开关功能如下：

SW31~24	SW0
实页号	0(表示查询操作)

⑤ 自己设计一些页表项，写入TLB中，然后进行查询，验证设计的正确性。在表格中记录实验过程。

6. 实验数据

将实验过程中进行的操作与结果数据记录如下：

更新/查询	VPN2/实页号	PFN_1	PFN_0	V_1	V_0	数码管/LED
		(查询操作时不填)				

7. 思考题

① 假设内存页大小为 4 KB,根据 MIPS32 规范,虚拟地址中的哪些位是虚页号?

② 简述 TLB 条目数量的增加和减少对处理器性能的影响。

8.2 简单指令流水 CPU 设计与实现

1. 实验目的

① 掌握流水线结构计算机各部件组成及内部工作原理。

② 加深对于 MIPS32 指令集的理解。

③ 培养硬件设计和调试的能力。

2. 实验环境

① 硬件环境:个人计算机,Windows 7 及以上操作系统;ThinPAD-Cloud 实验平台。

② 软件环境:FPGA 开发工具软件 Vivado;监控程序运行环境。

3. 实验内容

本实验要求在 ThinPAD-Cloud 实验平台上实现一个简单的流水线 CPU,可以运行简单的功能测试程序。具体要求如下:

① 能够支持监控程序基本版用到的 MIPS32 指令集。

② 具有内存(SRAM)访问功能,能够从内存读取指令,并读写内存中的数据。

③ 作为提高要求,可实现中断处理机制,响应来自按钮的中断输入。

建议同学们尝试运行监控程序的基本版或者是中断版。

4. 实验原理

完成本实验需要充分理解流水线处理器的结构。具体实验原理请参考计算机组成原理教材和本书关于 ThinPAD-Cloud 实验平台的详细介绍。

本实验的重点是设计流水线 CPU,实验前要熟悉流水线技术,并详细分析 CPU 中可能存在的结构冲突、数据冲突和控制冲突,设计好相关冲突避免机制。

5. 主要实验步骤

① 分析指令系统,划分每条指令的执行步骤,设计指令流程图。如果要支持中断,需分析中断的产生与处理,在流程图中添加中断处理。

② 根据指令流程图,划分处理器的各功能部件和流水线阶段设计,给出处理器的概要结构图,并标识出各主要信号及数据流向、阶段寄存器需要保存的各类信息。

③ 细化各功能部件,设计出包含每个部件的外部控制信号以及数据信号的详细结构图,并

根据指令流程图在该结构图上执行每条指令,检查指令执行是否正确。尤其要重点检查指令流水执行的过程中存在的3类冲突,确认冲突避免机制设计的正确性。

④ 确认结构图中的每个功能部件的具体功能和外部连接信号,注意时序之间的配合。使用硬件描述语言设计实现每个功能部件并且使用软件进行模拟仿真。仿真过程中尽量将各种情况的输入都加入,保证每个部件能够按照预定功能运行。

⑤ 连接各个功能部件组成整体的CPU,并对其进行软件模拟仿真。

⑥ 整体软件仿真通过后,分配对应管脚,将设计好的CPU配置到FPGA中,进行实际硬件调试。先进行单步调试,检查每条指令的运行是否正确,这时需要将时钟源配置为时钟按钮。然后,使用实验平台将数据存入内存,让CPU读写内存,以此来测试访存指令是否正确。

⑦ 设计一些测试程序,测试CPU运行是否正常。

6. 思考题

① 流水线CPU设计与多周期CPU设计有什么异同?插入等待周期(气泡)和数据旁路在处理数据冲突的性能上有什么差异?

② MIPS32的延迟槽对于流水线CPU设计有哪些影响?

8.3 支持虚拟内存的指令流水CPU设计

1. 实验目的

① 从计算机系统角度理解TLB的作用。

② 掌握MIPS32下内存地址翻译的使用方法。

2. 实验环境

① 硬件环境:个人计算机,Windows 7及以上操作系统;ThinPAD-Cloud实验平台。

② 软件环境:FPGA开发工具软件Vivado;监控程序运行环境。

3. 实验内容

在ThinPAD-Cloud实验平台上,以实验8.2为基础,引入TLB组件,增加地址翻译功能。具体要求如下:

① 实现MIPS32中与TLB相关的几条指令和CP0寄存器,并添加相关异常。

② 运行本书提供的TLB测试代码,验证处理器的正确性。

③ 在硬件上实现并调试设计方案,展示实验结果。

4. 实验原理

在MIPS32规范中,虚拟地址被划分的几个区间如图8.1所示。

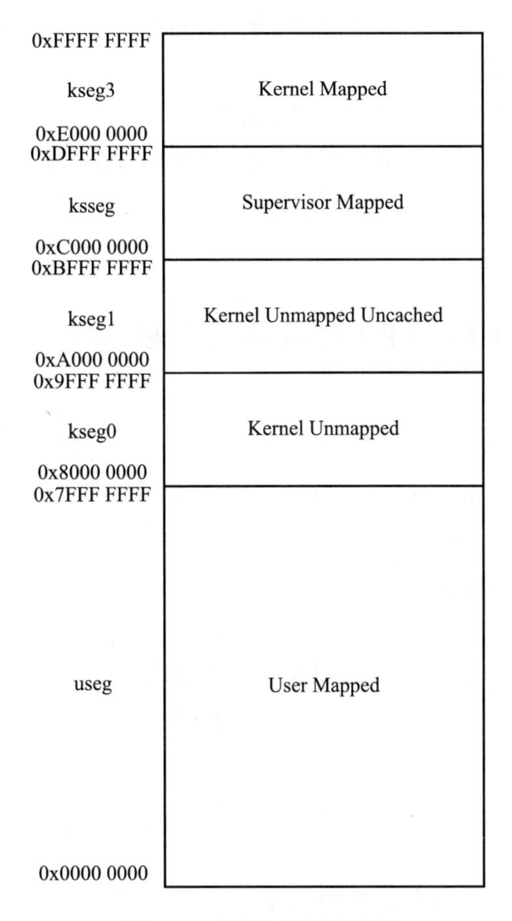

图 8.1　虚拟地址划分区间

其中 useg、ksseg 和 kseg3 三个区间的虚拟地址会经过 TLB 翻译为物理地址，而另外两个地址区间不经过 TLB 直接映射到物理地址。直接映射的方法为 Paddr = Vaddr & 0x1FFF FFFF。其中，Paddr 为物理地址，Vaddr 为虚拟地址。

要使 CPU 支持虚拟地址机制，首先要在取值和访存的阶段加入地址检查的逻辑，区分直接映射和 TLB 的地址区间。对于直接映射的地址区间，按规则计算得到物理地址；对于 TLB 翻译的地址，通过 TLB 组件翻译成物理地址。流水线处理器通常需要两个 TLB，分别对指令地址和数据地址进行翻译，两个在页表项更新时同时被更新。

5. 主要实验步骤

① 分析本书提供的 TLB 测试程序的预期行为，可以借助模拟器 QEMU 等工具帮助理解。

② 在已有流水线 CPU 中加入 TLB，增加对于虚实地址转换的支持。

③ 将编译好的测试程序加载到内存中，通过按时钟按钮的方式单步执行代码。

④ 自行设计 CPU 内部状态的展示机制,检查系统运行是否与预期一致。

6. 思考题

① 总结 TLB 相关异常的发生条件和处理器行为。

② MIPS32 规范保留了一些虚拟地址空间,它们不经过 TLB 而直接映射到物理地址,这样的设计有何意义?

8.4 基于指令流水 CPU 的计算机系统实验

1. 实验目的

① 加深对计算机系统知识的理解。

② 进一步理解和掌握流水线结构计算机各部件组成及内部工作原理。

③ 掌握计算机外部输入/输出的设计。

④ 培养硬件设计和调试的能力。

2. 实验环境

① 硬件环境:个人计算机,Windows 7 及以上操作系统;ThinPAD-Cloud 实验平台。

② 软件环境:FPGA 开发工具软件 Vivado;监控程序运行环境。

3. 实验内容

本实验是综合性实验,要求在 ThinPAD-Cloud 实验平台上实现一个完整的计算机系统,最终目标是能够运行带有虚拟地址的 32 位监控程序版本。具体要求如下:

① 能够支持监控程序用到的全部 MIPS32 指令和 CP0 寄存器。

② 具有内存(SRAM)访问功能,能够满足监控程序数据与代码的存储需求。

③ 利用串口(即板上 CPLD 实现的 UART)实现计算机的输入/输出模块,能够支持监控程序与 PC 的相互通信。

④ 实现中断处理机制,对串口产生的中断信号,运行中断处理程序接收数据。

⑤ 作为提高要求,支持虚拟内存管理,分离用户程序和监控程序内核的地址空间。

4. 实验原理

本实验为大型综合性系统实验,是对计算机组成原理课程各知识点的综合应用和学习效果的检验。实验目标是运行监控程序,因此需要在已有流水线 CPU 基础上,增加总线访问机制,以便支持串口通信。对于学有余力的同学,可以尝试支持虚拟内存机制,并运行提高版本的监控程序。

5. 主要实验步骤

① 分析监控程序对于 CPU 功能的要求,补充实现已有 CPU 中缺失的功能。

② 增加 SRAM 和串口共享总线机制的处理逻辑。

③ 连接各个外设和 CPU 形成计算机系统,并对其进行软件模拟仿真。

④ 整体软件仿真通过后,分配对应管脚,将设计好的 CPU 配置到 FPGA 中,进行实际硬件调试。

⑤ 运行一段简单的串口数据发送代码,检验串口是否工作正常。

⑥ 将监控程序下载到内存中运行,单步调试执行。如果正常,能在 term 上看到"MONITOR for MIPS32-initialized."字样。

⑦ 进入连续执行调试,检查 term 中各种命令能否正常运行。

⑧ 执行监控程序中自带的几个测试用例,验证 CPU 的正确性。

6. 思考题

① 如何使用 Flash 作为外存?如果要求 CPU 在启动时,能够将存放在 Flash 上固定位置的监控程序读入内存,CPU 应当做何改动?

② 如何将 DVI 作为系统的输出设备在屏幕上显示文字?

第9章　操作系统实验

前面的章节设计了一个 MIPS32 处理器,支持 20 余条指令,并能够运行监控程序。在此基础上,如果进一步扩展处理器的功能,添加更多指令,就能运行高级语言编写的程序,进而支持操作系统。

9.1　特权级切换实验

在监控程序实验中,已经讨论了 MIPS32 处理器上的异常处理和内存地址翻译机制。想要支持操作系统的运行,需要在此基础上学习 MIPS32 的特权级,并掌握特权级切换的技术。

1. 实验目的

① 学习 MIPS32 处理器特权级的设置方法。

② 掌握 MIPS32 内核态和用户态对程序执行的影响。

③ 了解操作系统如何使用特权级。

2. 实验环境

① 硬件环境:个人计算机,Windows 7 及以上操作系统;ThinPAD-Cloud 实验平台。

② 软件环境:模拟器 QEMU、调试器 GDB,FPGA 开发工具软件 Vivado。

3. 实验内容

① 运行一段具有下列功能的程序并记录结果:向 TLB 中填充用户态程序的页表项,利用异常处理机制将处理器切换至用户态,执行用户态程序。

② 使用汇编器编译程序后,用模拟器 QEMU 和调试器 GDB 对该程序进行单步调试,观察每条指令执行完成后,各相关寄存器的数值。

③ 尝试在多周期或流水线处理器中,增加本实验用到的硬件模块,并在开发板上运行程序,观察结果是否与 QEMU 一致。

4. 实验原理

MIPS32 规范中提出了 User、Supervisor、Kernel 3 种特权级,实际被广泛采用的有 User 和

Kernel 两种，分别称为用户态和内核态。处理器上电启动后，默认处于内核态，运行于内核态的系统软件会初始化硬件设备、内存管理单元等组件，随后系统软件将特权级切换至用户态，并运行用户程序。一旦进入用户态后，用户态程序在不触发异常和中断的情况下，无法切换回内核态。然而，当外部中断或其他异常（包括系统调用）发生后，处理器在执行异常处理代码时，会自动切换进内核态，处理完毕后恢复原状态。

在用户态下，程序运行会受到硬件上的一些限制，主要包括不能访问任意的物理内存区域，只能使用经过 TLB 映射的虚拟地址访存，不能读写 CP0 寄存器。利用这些限制，系统软件可以将不同用户软件使用的内存区域互相隔离，提升系统的安全性与稳定性。这一机制被现代操作系统广泛采用。

具体来说，MIPS32 的用户态和特权态由 CP0 的 Status 寄存器中的 KSU、EXL 和 ERL 位控制。在下列 3 个条件中任意一个满足时，处理器处于内核态。

- KSU = 0
- EXL = 1
- ERL = 1

而在下列 3 个条件全部满足时，处理器处于用户态。

- KSU = 2
- EXL = 0
- ERL = 0

其他可能的取值，属于非强制要求或保留值，不在本书讨论范围之列。

ERL 在处理器复位后由硬件置 1，从而保证复位后处理器处于内核态，通常在软件中对其清零。EXL 在异常处理时由硬件置 1，并在 ERET 指令后自动清零，从而保证异常处理期间处理器处于内核态。KSU 是由系统软件设置的当前特权级，不会被硬件自动更改。

当处理器处于内核态时，程序可以直接访问虚拟地址 0x80000000 ~ 0x9FFFFFFF（这段地址被硬件直接映射到物理地址 0x00000000 ~ 0x1FFFFFFF）。处于用户态时，程序访问这段虚拟地址，将触发地址错误异常（AdEL/AdES）。用户态程序只能访问 0x00000000 ~ 0x7FFFFFFF 这段虚拟地址，它是通过 TLB 映射的，具体映射的物理地址，取决于 TLB 表项的内容。

在从内核态程序切换到用户态程序的过程中，为了保证特权级和 PC 同时切换，一种常见的做法是，由软件触发某种异常，随后在异常处理代码中修改 KSU 和 EPC。当异常处理返回时，处理器硬件逻辑会设置 PC = EPC，EXL = 0，这就同时完成了特权级和 PC 的切换。本实验选用系统调用（Syscall）异常来实现这一过程。

综合上面的介绍，我们给出一段汇编语言编写的实验程序。该程序运行后，首先初始化 CP0 寄存器，设置 KSU = 0，ERL = 0，并设置异常处理程序入口地址 EBase。接着利用 TLBWI 指令，将所有 TLB 表项设置为无效状态。随后添加一条表项，该表项的内容是将虚拟地址 0x00000XXX 映射到物理地址 0x00100XXX 上。执行 Syscall 指令，触发 Syscall 异常。

在异常处理程序入口处，实验程序先检查异常类型，如果是 Syscall 异常，则修改 KSU = 2，EPC = 0x00000000，随后用 ERET 指令返回。这样一来，返回后处理器将执行用户态程序代码。如果是其他异常，则跳过产生异常的指令，直接忽略。

在物理地址 0x00100000 存放有用户态指令代码，这部分代码首先（用 LW 指令）读取内存地址 0x00100000，再尝试读取 0x80100000（内核态地址）。

5. 主要实验步骤

编译并运行实验程序，并使用模拟器 QEMU 和调试器 GDB 进行单步调试，从而验证两种特权级下处理器的行为。具体步骤如下：

① 参考第 2 章的 GCC 工具说明，编译实验程序源码。

② 使用模拟器 QEMU 和调试器 GDB，加载机器码，对程序进行调试。

③ 分别在 Syscall 指令前、异常处理程序入口和用户态程序入口处添加断点，再运行程序。每次暂停后，记录数据并继续程序运行。

④ 根据程序逻辑，GDB 应当依次在 Syscall 指令前、异常处理程序入口（Syscall 异常）、用户态程序入口和异常处理程序入口（AdEL 异常）处暂停。如果实际行为与预期不符，请检查分析程序中的错误。

⑤ 记录实验结果。

尝试在 MIPS32 流水线或多周期处理器中，实现 TLB 及实验用到的 CP0 寄存器，然后在开发板上运行本程序。利用按钮产生时钟，LED 显示 PC，单步运行程序，记录状态，检验 FPGA 上处理器行为与 QEMU 是否一致。

6. 实验数据

将实验过程中进行的操作与结果数据记录如下：

暂停次数	PC	CP0 EPC	CP0 Status	CP0 Cause	CP0 BadVAddr	分析处理器所处的特权级或异常发生原因

7. 思考题

① MIPS32 规范为什么要求在 EXL = 1 时处理器进入内核态？

② 操作系统应该如何处理用户态产生的地址错误异常？

9.2 μCore 系统运行实验

操作系统相比监控程序而言，能够提供更加丰富的功能，主要包括多任务、内存隔离和文件系统支持等。μCore 是一个面向教学目的设计的简单操作系统，既提供了操作系统的基本功能，又兼顾了设计的简洁性。通过在自己设计的 CPU 上运行 μCore 操作系统，一方面可以实现更多的计算机功能，另一方面也能更好地检验 CPU 设计的正确性。

1. 实验目的

① 了解操作系统基本原理。

② 了解 μCore 操作系统对处理器设计的要求。

2. 实验环境

① 硬件环境：个人计算机，Windows 7 及以上操作系统；ThinPAD-Cloud 实验平台。

② 软件环境：FPGA 开发工具软件 Vivado。

3. 实验内容

阅读 μCore 操作系统源代码，总结 μCore 对于处理器功能的需求。结合已有处理器设计进行分析，修改处理器设计，补充缺失的功能。

编译并在 QEMU 中运行 μCore，记录正常情况下 μCore 的启动日志。随后在自己设计的处理器上运行 μCore，如果启动日志与 QEMU 相匹配，则初步说明 μCore 内核启动正常。随后可尝试运行 μCore 附带的用户态应用程序，并自行开发应用程序添加到 μCore 中。

4. 实验原理

μCore 操作系统是使用 C 语言开发的操作系统，它支持多任务调度、基于 TLB 的内存管理、内存文件系统等操作系统的基本功能，以及串口和 USB 键盘等外设，是一个适用于教学的简单操作系统。μCore 内核与附带的演示应用程序总代码量约 14 000 行（C 语言），经过 GCC 编译后大约会用到 50 余条 MIPS32 指令。由于具体用到的指令会随编译器版本和编译选项而变化，因此不在书中列出。实验时可以使用 objdump 工具（参见本书第 2 章）对编译好的 μCore 进行反汇编，从而得知实际用到的 CPU 指令。

下面介绍 μCore 的启动过程。CPU 复位后，首先执行 Boot loader 程序，即 boot/bootasm. S。由于 Bootloader 程序一般不需要更改，因而固化在 FPGA 内部的 BootROM 中。Boot loader 执行时会将 μCore 系统镜像从 Flash 拷贝到内存中，之后便跳转到位于内存中的系统入口点。系统入口点位于 kern/init/entry. S 中的 kernel_entry 函数，这部分代码采用汇编语言编写。汇编代码在准备完成 C 语言运行环境后，进入 kern/init/init.c 中的 kern_init 函数，开始整个内核初始化流程。在初始化过程中，与硬件相关的主要步骤依次为 TLB 初始化、中断控制器初始化、串口控制器初始化、系统定时器中断初始化。

在操作系统运行过程中，时钟中断、外设中断和 TLB 缺失等异常会时常发生。在异常处理程序入口点，预先放置的代码将处理这些异常。异常处理程序的入口点位于 kern/trap/vectors.S 文件中，标签_exception_vector 中的多条跳转指令及空指令构成了异常向量表。与 MIPS32 规范兼容，向量表中+0 偏移处为 TLB 相关异常，+0x180 字节偏移处为其他异常的入口。当异常发生时，异常处理程序进行必要的保存现场操作后，进入 kern/trap/trap.c 文件中 trap_dispatch 函数，判断异常的类型并进一步处理。中断是一种特殊的异常，μCore 依赖如下两种中断：

① 系统定时器中断（中断号 7），在系统定时器计数匹配时触发，用于进程调度。

② 串口中断（中断号 4），在串口收到数据时触发。

μCore 利用 TLB 配合内存中的页表数据结构实现虚存管理。μCore 中的物理地址和虚拟地址均为 32 位，内存页大小均为 4 KB。当 TLB 缺失异常发生后，kern/trap/trap.c 文件中的 handle_tlbmiss 函数将被调用，该函数查询内核中的数据结构，将查到的虚地址与物理地址映射关系写入 TLB。最终的 TLB 写入过程位于 kern/include/thumips_tlb.h 文件中的 tlb_refill 函数内。

5. 主要实验步骤

① 在 μCore 代码目录中，输入命令“make ON_FPGA=n”编译整个项目。编译成功后得到 ELF 文件 obj/ucore-kernel-initrd。

② 输入命令“make qemu ON_FPGA=n”，用 QEMU 模拟器加载 obj/ucore-kernel-initrd 文件，运行 μCore 系统。记录系统启动日志。

③ 在真实硬件上运行 μCore。输入命令“make ON_FPGA=y”程序编译项目，将编译得到的 obj/ucore-kernel-initrd 文件写入实验板上的 Flash 中。随后复位 CPU，Bootloader 将从 Flash 加载并运行系统。

④ 从串口观察 μCore 启动日志，并与 QEMU 上的启动日志对比。若两者一致，说明系统启动正常。否则，定位出错原因并排查硬件故障。

⑤ 在 μCore 提供的 shell 中运行系统附带的应用程序。

6. 思考题

① 系统初始化过程为什么把“开启定时器中断”放在最后一步执行？

② 从 kern/process/proc.c 中的 kernel_execve 函数入手，分析 μCore 系统中一个用户态程序的启动过程。

附录 A　FPGA 引脚分配表

引脚	方向	信号名	描述
		外部时钟信号	
D18	input	clk_50M	50MHz 时钟输入
C18	input	clk_11M0592	11.059 2 MHz 时钟输入
		按键信号	
J19	input	touch_btn[0]	通用按键(BTN1)
E25	input	touch_btn[1]	通用按键(BTN2)
F23	input	touch_btn[2]	通用按键(BTN3)
E23	input	touch_btn[3]	通用按键(BTN4)
H19	input	clock_btn	时钟按键(BTN5)
F22	input	reset_btn	复位按键(BTN6)
		CPLD 串口控制信号	
L8	output	uart_wr_n	CPLD 串口发送使能
M6	output	uart_rd_n	CPLD 串口接收使能
L5	input	uart_tbre	发送数据标志
L7	input	uart_tsre	数据发送完毕标志
L4	input	uart_dataready	串口数据准备好
		直连串口	
L19	output	txd	直连串口发送端
K21	input	rxd	直连串口接收端
		USB 控制器信号	
K3	output	sl811_a0	指令/数据切换
M1	output	sl811_wr_n	写使能信号
J3	output	sl811_rd_n	读使能信号
K1	output	sl811_cs_n	片选信号
M2	output	sl811_rst_n	复位信号
J4	input	sl811_drq_n	数据请求

续表

引脚	方向	信号名	描述
		USB 控制器信号	
H3	output	sl811_dack_n	数据应答
M4	input	sl811_intrq	中断请求
		以太网控制器信号	
D4	output	dm9k_iow_n	写使能信号
D3	output	dm9k_ior_n	读使能信号
C3	output	dm9k_cs_n	片选信号
C4	output	dm9k_pwrst_n	复位信号
H8	input	dm9k_int	中断请求
E3	output	dm9k_cmd	指令/数据切换
G1	inout	dm9k_sd[0]	DM9000/SL811 复用的数据线 0
H2	inout	dm9k_sd[1]	DM9000/SL811 复用的数据线 1
J1	inout	dm9k_sd[2]	DM9000/SL811 复用的数据线 2
H7	inout	dm9k_sd[3]	DM9000/SL811 复用的数据线 3
G4	inout	dm9k_sd[4]	DM9000/SL811 复用的数据线 4
K2	inout	dm9k_sd[5]	DM9000/SL811 复用的数据线 5
K7	inout	dm9k_sd[6]	DM9000/SL811 复用的数据线 6
K6	inout	dm9k_sd[7]	DM9000/SL811 复用的数据线 7
F3	inout	dm9k_sd[8]	DM9000 数据线 8
H6	inout	dm9k_sd[9]	DM9000 数据线 9
H4	inout	dm9k_sd[10]	DM9000 数据线 10
H1	inout	dm9k_sd[11]	DM9000 数据线 11
J5	inout	dm9k_sd[12]	DM9000 数据线 12
J6	inout	dm9k_sd[13]	DM9000 数据线 13
K5	inout	dm9k_sd[14]	DM9000 数据线 14
F5	inout	dm9k_sd[15]	DM9000 数据线 15
		DVI 视频信号	
J21	output	video_clk	像素时钟输出
N18	output	video_red[2]	红色像素亮度 2
N21	output	video_red[1]	红色像素亮度 1
T19	output	video_red[0]	红色像素亮度 0
U17	output	video_green[2]	绿色像素亮度 2

续表

引脚	方向	信号名	描述
		DVI 视频信号	
G20	output	video_green[1]	绿色像素亮度 1
M15	output	video_green[0]	绿色像素亮度 0
L18	output	video_blue[1]	蓝色像素亮度 1
M14	output	video_blue[0]	蓝色像素亮度 0
P16	output	video_hsync	行同步(水平同步)信号
R16	output	video_vsync	场同步(垂直同步)信号
J20	output	video_de	行数据有效信号,用于区分消隐区
		LED 控制	
A17	output	leds[0]	LED 0
G16	output	leds[1]	LED 1
E16	output	leds[2]	LED 2
H17	output	leds[3]	LED 3
G17	output	leds[4]	LED 4
F18	output	leds[5]	LED 5
F19	output	leds[6]	LED 6
F20	output	leds[7]	LED 7
C17	output	leds[8]	LED 8
F17	output	leds[9]	LED 9
B17	output	leds[10]	LED 10
D19	output	leds[11]	LED 11
A18	output	leds[12]	LED 12
A19	output	leds[13]	LED 13
E17	output	leds[14]	LED 14
E18	output	leds[15]	LED 15
		数码管(低位)控制	
D16	output	dpy0[0]	数码管笔段 a
F15	output	dpy0[1]	数码管笔段 b
H15	output	dpy0[2]	数码管笔段 c
G15	output	dpy0[3]	数码管笔段 d
H16	output	dpy0[4]	数码管笔段 e
H14	output	dpy0[5]	数码管笔段 f

续表

引脚	方向	信号名	描述
		数码管(低位)控制	
G19	output	dpy0[6]	数码管笔段 g
J8	output	dpy0[7]	数码管小数点
		数码管(高位)控制	
H9	output	dpy1[0]	数码管笔段 a
G8	output	dpy1[1]	数码管笔段 b
G7	output	dpy1[2]	数码管笔段 c
G6	output	dpy1[3]	数码管笔段 d
D6	output	dpy1[4]	数码管笔段 e
E5	output	dpy1[5]	数码管笔段 f
F4	output	dpy1[6]	数码管笔段 g
G5	output	dpy1[7]	数码管小数点
		32 位拨码开关	
N3	input	dip_sw[0]	拨码开关 0
N4	input	dip_sw[1]	拨码开关 1
P3	input	dip_sw[2]	拨码开关 2
P4	input	dip_sw[3]	拨码开关 3
R5	input	dip_sw[4]	拨码开关 4
T7	input	dip_sw[5]	拨码开关 5
R8	input	dip_sw[6]	拨码开关 6
T8	input	dip_sw[7]	拨码开关 7
N2	input	dip_sw[8]	拨码开关 8
N1	input	dip_sw[9]	拨码开关 9
P1	input	dip_sw[10]	拨码开关 10
R2	input	dip_sw[11]	拨码开关 11
R1	input	dip_sw[12]	拨码开关 12
T2	input	dip_sw[13]	拨码开关 13
U1	input	dip_sw[14]	拨码开关 14
U2	input	dip_sw[15]	拨码开关 15
U6	input	dip_sw[16]	拨码开关 16
R6	input	dip_sw[17]	拨码开关 17
U5	input	dip_sw[18]	拨码开关 18

续表

引脚	方向	信号名	描述
		32 位拨码开关	
T5	input	dip_sw[19]	拨码开关 19
U4	input	dip_sw[20]	拨码开关 20
T4	input	dip_sw[21]	拨码开关 21
T3	input	dip_sw[22]	拨码开关 22
R3	input	dip_sw[23]	拨码开关 23
P5	input	dip_sw[24]	拨码开关 24
P6	input	dip_sw[25]	拨码开关 25
P8	input	dip_sw[26]	拨码开关 26
N8	input	dip_sw[27]	拨码开关 27
N6	input	dip_sw[28]	拨码开关 28
N7	input	dip_sw[29]	拨码开关 29
M7	input	dip_sw[30]	拨码开关 30
M5	input	dip_sw[31]	拨码开关 31
		Flash 存储器信号	
K8	output	flash_a[0]	地址线 0
C26	output	flash_a[1]	地址线 1
B26	output	flash_a[2]	地址线 2
B25	output	flash_a[3]	地址线 3
A25	output	flash_a[4]	地址线 4
D24	output	flash_a[5]	地址线 5
C24	output	flash_a[6]	地址线 6
B24	output	flash_a[7]	地址线 7
A24	output	flash_a[8]	地址线 8
C23	output	flash_a[9]	地址线 9
D23	output	flash_a[10]	地址线 10
A23	output	flash_a[11]	地址线 11
C21	output	flash_a[12]	地址线 12
B21	output	flash_a[13]	地址线 13
E22	output	flash_a[14]	地址线 14
E21	output	flash_a[15]	地址线 15
E20	output	flash_a[16]	地址线 16

续表

引脚	方向	信号名	描述
		Flash 存储器信号	
D21	output	flash_a[17]	地址线 17
B20	output	flash_a[18]	地址线 18
D20	output	flash_a[19]	地址线 19
B19	output	flash_a[20]	地址线 20
C19	output	flash_a[21]	地址线 21
A20	output	flash_a[22]	地址线 22
F8	inout	flash_d[0]	数据线 0
E6	inout	flash_d[1]	数据线 1
B5	inout	flash_d[2]	数据线 2
A4	inout	flash_d[3]	数据线 3
A3	inout	flash_d[4]	数据线 4
B2	inout	flash_d[5]	数据线 5
C2	inout	flash_d[6]	数据线 6
F2	inout	flash_d[7]	数据线 7
F7	inout	flash_d[8]	数据线 8
A5	inout	flash_d[9]	数据线 9
D5	inout	flash_d[10]	数据线 10
B4	inout	flash_d[11]	数据线 11
A2	inout	flash_d[12]	数据线 12
B1	inout	flash_d[13]	数据线 13
G2	inout	flash_d[14]	数据线 14
E1	inout	flash_d[15]	数据线 15
G9	output	flash_byte_n	8 位/16 位模式选择
A22	output	flash_ce_n	片选信号
D1	output	flash_oe_n	读使能信号
C22	output	flash_rp_n	复位信号
B22	output	flash_vpen	写保护信号，低电平时不能擦除、烧写
C1	output	flash_we_n	写使能信号
		BaseRAM 存储器信号	
F24	output	base_ram_addr[0]	地址线 0
G24	output	base_ram_addr[1]	地址线 1

续表

引脚	方向	信号名	描述
		BaseRAM 存储器信号	
L24	output	base_ram_addr[2]	地址线 2
L23	output	base_ram_addr[3]	地址线 3
N16	output	base_ram_addr[4]	地址线 4
G21	output	base_ram_addr[5]	地址线 5
K17	output	base_ram_addr[6]	地址线 6
L17	output	base_ram_addr[7]	地址线 7
J15	output	base_ram_addr[8]	地址线 8
H23	output	base_ram_addr[9]	地址线 9
P14	output	base_ram_addr[10]	地址线 10
L14	output	base_ram_addr[11]	地址线 11
L15	output	base_ram_addr[12]	地址线 12
K15	output	base_ram_addr[13]	地址线 13
J14	output	base_ram_addr[14]	地址线 14
M24	output	base_ram_addr[15]	地址线 15
N17	output	base_ram_addr[16]	地址线 16
N23	output	base_ram_addr[17]	地址线 17
N24	output	base_ram_addr[18]	地址线 18
P23	output	base_ram_addr[19]	地址线 19
M26	output	base_ram_be_n[0]	字节使能,对应数据线[7:0]
L25	output	base_ram_be_n[1]	字节使能,对应数据线[15:8]
D26	output	base_ram_be_n[2]	字节使能,对应数据线[23:16]
D25	output	base_ram_be_n[3]	字节使能,对应数据线[31:24]
M22	inout	base_ram_data[0]	BaseRAM/CPLD 复用的数据线 0
N14	inout	base_ram_data[1]	BaseRAM/CPLD 复用的数据线 1
N22	inout	base_ram_data[2]	BaseRAM/CPLD 复用的数据线 2
R20	inout	base_ram_data[3]	BaseRAM/CPLD 复用的数据线 3
M25	inout	base_ram_data[4]	BaseRAM/CPLD 复用的数据线 4
N26	inout	base_ram_data[5]	BaseRAM/CPLD 复用的数据线 5
P26	inout	base_ram_data[6]	BaseRAM/CPLD 复用的数据线 6
P25	inout	base_ram_data[7]	BaseRAM/CPLD 复用的数据线 7
J23	inout	base_ram_data[8]	数据线 8

续表

引脚	方向	信号名	描述
BaseRAM 存储器信号			
J18	inout	base_ram_data[9]	数据线 9
E26	inout	base_ram_data[10]	数据线 10
H21	inout	base_ram_data[11]	数据线 11
H22	inout	base_ram_data[12]	数据线 12
H18	inout	base_ram_data[13]	数据线 13
G22	inout	base_ram_data[14]	数据线 14
J16	inout	base_ram_data[15]	数据线 15
N19	inout	base_ram_data[16]	数据线 16
P18	inout	base_ram_data[17]	数据线 17
P19	inout	base_ram_data[18]	数据线 18
R18	inout	base_ram_data[19]	数据线 19
K20	inout	base_ram_data[20]	数据线 20
M19	inout	base_ram_data[21]	数据线 21
L22	inout	base_ram_data[22]	数据线 22
M21	inout	base_ram_data[23]	数据线 23
K26	inout	base_ram_data[24]	数据线 24
K25	inout	base_ram_data[25]	数据线 25
J26	inout	base_ram_data[26]	数据线 26
J25	inout	base_ram_data[27]	数据线 27
H26	inout	base_ram_data[28]	数据线 28
G26	inout	base_ram_data[29]	数据线 29
G25	inout	base_ram_data[30]	数据线 30
F25	inout	base_ram_data[31]	数据线 31
K18	output	base_ram_ce_n	片选信号
K16	output	base_ram_oe_n	读使能信号
P24	output	base_ram_we_n	写使能信号
ExtRAM 存储器信号			
Y21	output	ext_ram_addr[0]	地址线 0
Y26	output	ext_ram_addr[1]	地址线 1
AA25	output	ext_ram_addr[2]	地址线 2
Y22	output	ext_ram_addr[3]	地址线 3

续表

引脚	方向	信号名	描述
		ExtRAM 存储器信号	
Y23	output	ext_ram_addr[4]	地址线 4
T18	output	ext_ram_addr[5]	地址线 5
T23	output	ext_ram_addr[6]	地址线 6
T24	output	ext_ram_addr[7]	地址线 7
U19	output	ext_ram_addr[8]	地址线 8
V24	output	ext_ram_addr[9]	地址线 9
W26	output	ext_ram_addr[10]	地址线 10
W24	output	ext_ram_addr[11]	地址线 11
Y25	output	ext_ram_addr[12]	地址线 12
W23	output	ext_ram_addr[13]	地址线 13
W21	output	ext_ram_addr[14]	地址线 14
V14	output	ext_ram_addr[15]	地址线 15
U14	output	ext_ram_addr[16]	地址线 16
T14	output	ext_ram_addr[17]	地址线 17
U15	output	ext_ram_addr[18]	地址线 18
T15	output	ext_ram_addr[19]	地址线 19
U26	output	ext_ram_be_n[0]	字节使能,对应数据线[7:0]
T25	output	ext_ram_be_n[1]	字节使能,对应数据线[15:8]
R17	output	ext_ram_be_n[2]	字节使能,对应数据线[23:16]
R21	output	ext_ram_be_n[3]	字节使能,对应数据线[31:24]
W20	inout	ext_ram_data[0]	数据线 0
W19	inout	ext_ram_data[1]	数据线 1
V19	inout	ext_ram_data[2]	数据线 2
W18	inout	ext_ram_data[3]	数据线 3
V18	inout	ext_ram_data[4]	数据线 4
T17	inout	ext_ram_data[5]	数据线 5
V16	inout	ext_ram_data[6]	数据线 6
V17	inout	ext_ram_data[7]	数据线 7
V22	inout	ext_ram_data[8]	数据线 8
W25	inout	ext_ram_data[9]	数据线 9
V23	inout	ext_ram_data[10]	数据线 10

续表

引脚	方向	信号名	描述
		ExtRAM 存储器信号	
V21	inout	ext_ram_data[11]	数据线 11
U22	inout	ext_ram_data[12]	数据线 12
V26	inout	ext_ram_data[13]	数据线 13
U21	inout	ext_ram_data[14]	数据线 14
U25	inout	ext_ram_data[15]	数据线 15
AC24	inout	ext_ram_data[16]	数据线 16
AC26	inout	ext_ram_data[17]	数据线 17
AB25	inout	ext_ram_data[18]	数据线 18
AB24	inout	ext_ram_data[19]	数据线 19
AA22	inout	ext_ram_data[20]	数据线 20
AA24	inout	ext_ram_data[21]	数据线 21
AB26	inout	ext_ram_data[22]	数据线 22
AA23	inout	ext_ram_data[23]	数据线 23
R25	inout	ext_ram_data[24]	数据线 24
R23	inout	ext_ram_data[25]	数据线 25
R26	inout	ext_ram_data[26]	数据线 26
U20	inout	ext_ram_data[27]	数据线 27
T22	inout	ext_ram_data[28]	数据线 28
R22	inout	ext_ram_data[29]	数据线 29
T20	inout	ext_ram_data[30]	数据线 30
R14	inout	ext_ram_data[31]	数据线 31
Y20	output	ext_ram_ce_n	片选信号
U24	output	ext_ram_oe_n	读使能信号
U16	output	ext_ram_we_n	写使能信号

备注：

① 按键信号按下状态为高电平

② LED 和数码管在高电平时点亮

③ 时钟、复位按键带有消抖电路

④ 以"_n"结尾的信号名表示低电平有效

附录 B　多周期控制器源代码

```
'define OP_SPECIAL        6'b000000
'define OP_J              6'b000010
'define OP_JAL            6'b000011
'define OP_BEQ            6'b000100
'define OP_BNE            6'b000101
'define OP_BLEZ           6'b000110
'define OP_BGTZ           6'b000111
'define OP_ADDIU          6'b001001
'define OP_ANDI           6'b001100
'define OP_ORI            6'b001101
'define OP_XORI           6'b001110
'define OP_LUI            6'b001111
'define OP_COP0           6'b010000
'define OP_LB             6'b100000
'define OP_LW             6'b100011
'define OP_SB             6'b101000
'define OP_SW             6'b101011

'define FUNC_ADD          6'b100001
'define FUNC_AND          6'b100100
'define FUNC_JR           6'b001000
'define FUNC_OR           6'b100101
'define FUNC_SLL          6'b000000
'define FUNC_SRL          6'b000010
'define FUNC_XOR          6'b100110

//ALU 操作码
'define ALU_ADD           3'd0
'define ALU_AND           3'd1
'define ALU_OR            3'd2
'define ALU_XOR           3'd3
'define ALU_SLL           3'd4
'define ALU_SRL           3'd5
'define ALU_SUB           3'd6
'define ALU_LUI           3'd7
```

```
//IO类型
'define IO_NOP          4'b0000
'define IO_LW           4'b0001
'define IO_LH           4'b0010
'define IO_LHU          4'b0011
'define IO_LB           4'b0100
'define IO_LBU          4'b0101
'define IO_SW           4'b1001
'define IO_SH           4'b1010
'define IO_SB           4'b1100

//状态
'define S_IF            0
'define S_ID            1
'define S_EX            2
'define S_MEM           3
'define S_WB            4

//控制信号
'define ALU_SRC_A_A         0
'define ALU_SRC_A_PC        1
'define ALU_SRC_A_SA        2

'define ALU_SRC_B_B         0
'define ALU_SRC_B_4         1
'define ALU_SRC_B_IMME      2
'define ALU_SRC_B_IMMEx4    3

'define PC_SRC_C            0
'define PC_SRC_ALU          1
'define PC_SRC_TARGET       2

'define MEM_SRC_PC          0
'define MEM_SRC_C           1

'define REG_DST_RD          0
'define REG_DST_RT          1
'define REG_DST_31          2

//多周期控制器
//
//输入指令,输出控制信号
//内部是有限状态机
//建议配合讲稿数据通路图使用
module Controller(
  input  wire        rst,        //重置
```

```
  input  wire         clk,          //时钟
  input  wire[5:0]    opcode,       //指令码
  input  wire[5:0]    func,         //功能码
  input  wire         alu_zero,     //ALU 输出是否为 0
  input  wire         alu_sign,     //ALU 输出是否为负

  //中间寄存器控制
  output reg          write_pc,     //是否写 PC 寄存器
  output reg          write_ir,     //是否写 IR 寄存器

  //访存控制
  output reg[3:0]     mem_mode,     //访存模式
  output reg          i_or_d,       //访存数据来源 { 0: PC, 1: C }

  //寄存器堆控制
  output reg          reg_write,    //是否写寄存器
  output reg[1:0]     reg_dst,      //写寄存器目标 { 0: rd, 1: rt, 2: $31 }
  output reg          mem_to_reg,   //写寄存器来源 { 0: C, 1: DR }

  //ALU 控制
  output reg[1:0]     alu_src_a,  //ALU 第一个操作数来源 { 0: PC, 1: A, 2: sa }
  output reg[1:0]     alu_src_b,
  //ALU 第二个操作数来源 { 0: B, 1: 0x4, 2: imme-extend, 3: imme-extend << 2 }
  output reg[2:0]     alu_op,       //ALU 操作符
  output reg          sign_ext,     //是否符号扩展立即数

  //PC 控制
output reg[1:0]     pc_src
//PC 来源 { 0: C, 1: ALU, 2: {PC[31:28], target << 2} }
);
wire is_load  =opcode[5:3]==3'b100;
wire is_store=opcode[5:3]==3'b101;

reg[ 2:0]  state, next_state;     //状态

always @ (posedge clk or posedge rst) begin
  if (rst) begin
       state <='S_IF;
  end else begin
       state <=next_state;
   end
end

always @ ( * ) begin
   //默认输出,均为 0
```

```
next_state <='S_IF;
write_pc <=0;
write_ir <=0;
mem_mode <='IO_NOP;
i_or_d <='MEM_SRC_PC;
reg_write <=0;
reg_dst <='REG_DST_RD;
mem_to_reg <=0;
alu_src_a <='ALU_SRC_A_A;
alu_src_b <='ALU_SRC_B_B;
alu_op <='ALU_ADD;
sign_ext <=0;
pc_src <='PC_SRC_C;

case (state)
   'S_IF: begin
       next_state <='S_ID;
       //访存
       mem_mode <='IO_LW;
       i_or_d <='MEM_SRC_PC;
       write_ir <=1;
       //ALU:PC + 4
       alu_op <='ALU_ADD;
       alu_src_a <='ALU_SRC_A_PC;
       alu_src_b <='ALU_SRC_B_4;
       //更新 PC
       write_pc <=1;
       pc_src <='PC_SRC_ALU;
   end
   'S_ID: begin
       next_state <='S_EX;
       case (opcode)
          'OP_J,'OP_JAL: begin
              next_state <='S_IF;
              write_pc <=1;
              pc_src <='PC_SRC_TARGET;
              if (opcode=='OP_JAL) begin
                  next_state <='S_WB;
                  alu_op <='ALU_ADD;
                  alu_src_a <='ALU_SRC_A_PC;
                  alu_src_b <='ALU_SRC_B_4;
              end
          end
          'OP_BEQ,'OP_BNE,'OP_BGTZ,'OP_BLEZ: begin
              //ALU: PC + sign_ext(imme) x 4
```

```
            alu_op <='ALU_ADD;
            alu_src_a <='ALU_SRC_A_PC;
            alu_src_b <='ALU_SRC_B_IMMEx4;
            sign_ext <=1;
        end
    endcase
end
'S_EX: begin
    next_state <='S_WB;
    case (opcode)
        'OP_BEQ,'OP_BNE,'OP_BGTZ,'OP_BLEZ: begin
            next_state <='S_IF;
            //ALU: A - B
            alu_op <='ALU_SUB;
            if( opcode=='OP_BEQ && alu_zero
             || opcode=='OP_BNE && ~alu_zero
             || opcode=='OP_BGTZ && ~alu_zero && ~alu_sign
             || opcode=='OP_BLEZ && (alu_zero ||alu_sign)
            ) begin
                write_pc <=1;
                pc_src <='PC_SRC_C;
            end
        end
        'OP_SPECIAL: begin
            case (func)
                'FUNC_ADD:alu_op <='ALU_ADD;
                'FUNC_AND:alu_op <='ALU_AND;
                'FUNC_OR:alu_op <='ALU_OR;
                'FUNC_XOR:alu_op <='ALU_XOR;
                'FUNC_SLL: begin
                    alu_op <='ALU_SLL;
                    alu_src_a <='ALU_SRC_A_SA;
                end
                'FUNC_SRL: begin
                    alu_op <='ALU_SRL;
                    alu_src_a <='ALU_SRC_A_SA;
                end
                'FUNC_JR: begin
                    next_state <='S_IF;
                    write_pc <=1;
                    pc_src <='PC_SRC_ALU;
                end
            endcase
        end
        //立即数
```

```
            'OP_ADDIU: begin
                alu_op <='ALU_ADD;
                alu_src_b <='ALU_SRC_B_IMME;
                sign_ext <=1;
            end
            'OP_ANDI: begin
                alu_op <='ALU_AND;
                alu_src_b <='ALU_SRC_B_IMME;
            end
            'OP_ORI: begin
                alu_op <='ALU_OR;
                alu_src_b <='ALU_SRC_B_IMME;
            end
            'OP_XORI: begin
                alu_op <='ALU_XOR;
                alu_src_b <='ALU_SRC_B_IMME;
            end
            'OP_LUI: begin
                alu_op <='ALU_LUI;
                alu_src_b <='ALU_SRC_B_IMME;
            end
            //访存
            'OP_LB,'OP_LW,'OP_SB,'OP_SW: begin
                next_state <='S_MEM;
                alu_op <='ALU_ADD;
                alu_src_b <='ALU_SRC_B_IMME;
                sign_ext <=1;
            end
        endcase
    end
    'S_MEM: begin
        next_state <=is_load?'S_WB:'S_IF;
        i_or_d <='MEM_SRC_C;
        case (opcode)
            'OP_LB:     mem_mode <='IO_LB;
            'OP_LW:     mem_mode <='IO_LW;
            'OP_SB:     mem_mode <='IO_SB;
            'OP_SW:     mem_mode <='IO_SW;
        endcase
    end
    'S_WB: begin
        next_state <='S_IF;
        reg_write <=1;
        reg_dst <=(opcode=='OP_JAL)?'REG_DST_31:
                  (opcode=='OP_SPECIAL)?'REG_DST_RD:
```

```
                      'REG_DST_RT;
          mem_to_reg <=is_load;
       end
    endcase
end

endmodule //Controller
```

附录 C　监控程序 Kernel 基础版本源代码

```
//程序入口点为 START
/* 一些常量定义,便于代码书写 * /
#define zero     $0    /* wired zero * /
#define AT       $1    /* assembler temp  - uppercase because of ".set at" * /
#define v0       $2    /* return value * /
#define v1       $3
#define a0       $4    /* argument registers * /
#define a1       $5
#define a2       $6
#define a3       $7
#define t0       $8    /* caller saved * /
#define t1       $9
#define t2       $10
#define t3       $11
#define t4       $12
#define t5       $13
#define t6       $14
#define t7       $15
#define s0       $16   /* callee saved * /
#define s1       $17
#define s2       $18
#define s3       $19
#define s4       $20
#define s5       $21
#define s6       $22
#define s7       $23
#define t8       $24   /* caller saved * /
#define t9       $25
#define jp       $25   /* PIC jump register * /
#define k0       $26   /* kernel scratch * /
#define k1       $27
#define gp       $28   /* global pointer * /
#define sp       $29   /* stack pointer * /
#define fp       $30   /* frame pointer * /
#define s8       $30   /* same like fp! * /
#define ra       $31   /* return address * /
```

```
#define SH_OP_R 0x0052               //char'R'
#define SH_OP_D 0x0044               //char'D'
#define SH_OP_A 0x0041               //char'A'
#define SH_OP_G 0x0047               //char'G'
#define SH_OP_T 0x0054               //char'T'
#define PUTREG(r)  ((r - 1) << 2)
#define TIMERSET    0x06             //ASCII (ACK)启动计时
#define TIMETOKEN   0x07             //ASCII (BEL)停止计时
#define TF_SIZE     0x80    /* trap frame size */
#define TF_sp       0x7C
#define KERNEL_STACK_INIT  0x80800000
#define USER_STACK_INIT    0x807F0000
#define SerialData         0xBFD003F8
#define SerialStat         0xBFD003FC

    .set noreorder
    .set noat
    .section .bss
    .p2align 2
    .global TCBT                   //thread control block table
TCBT:
    .long 0
    .long 0
    .global current                //current thread TCB address
current:
    .long 0

    .text
    .p2align 2
monitor_version:
    .asciz "MONITOR for MIPS32 - initialized."
    /* start address for the .bss section. defined in linker script */
    .word  _sbss
    /* end address for the .bss section. defined in linker script */
    .word  _ebss
    .global START
START:                             //kernel init
    lui k0, %hi(_sbss)
    addiu k0, %lo(_sbss)
    lui k1, %hi(_ebss)
    addiu k1, %lo(_ebss)
bss_init:
    beq k0, k1, bss_init_done
    nop
    sw  zero, 0(k0)
```

```
    addiu k0, k0, 4
    b   bss_init
    nop

bss_init_done:
    lui sp, %hi(KERNEL_STACK_INIT)      //设置内核栈
    addiu sp, %lo(KERNEL_STACK_INIT)
    or fp, sp, zero
    lui t0, %hi(USER_STACK_INIT)        //设置用户栈
    addiu t0, %lo(USER_STACK_INIT)
    lui t1, %hi(uregs_sp)               //写入用户空间备份
    sw t0, %lo(uregs_sp)(t1)
    lui t1, %hi(uregs_fp)
    sw t0, %lo(uregs_fp)(t1)

    ori t0, zero, TF_SIZE /4            //计数器
.LC0:
    addiu t0, t0, -1                    //滚动计数器
    addiu sp, sp, -4                    //移动栈指针
    sw zero, 0(sp)                      //初始化栈空间
    bne t0, zero, .LC0                  //初始化循环
    nop
    lui t0, %hi(TCBT)
    addiu t0, %lo(TCBT)                 //载入 TCBT 地址
    sw sp, 0(t0)                        //设置 thread0(idle)的中断帧地址
    or t6, sp, zero                     //t6 保存 idle 中断帧位置
    ori t0, zero, TF_SIZE /4            //计数器
.LC1:
    addiu t0, t0, -1                    //滚动计数器
    addiu sp, sp, -4                    //移动栈指针
    sw zero, 0(sp)                      //初始化栈空间
    bne t0, zero, .LC1                  //初始化循环
    nop
    lui t0, %hi(TCBT)
    addiu t0, %lo(TCBT)                 //载入 TCBT 地址
    sw sp, 4(t0)                        //设置 thread1(shell/user)的中
                                          断帧地址
    sw sp, TF_sp(t6)                    //设置 idle 线程栈指针

    lui t2, %hi(TCBT + 4)
    addiu t2, %lo(TCBT + 4)
    lw t2, 0(t2)                        //取得 thread1 的 TCB 地址
    lui t1, %hi(current)
    sw t2, %lo(current)(t1)             //设置当前线程为 thread1
    j WELCOME                           //进入主线程
    nop
```

```
WELCOME:
    lui s0, %hi(monitor_version)          //装入启动信息
    addiu s0, %lo(monitor_version)
    lb a0, 0(s0)
.Loop0:
    addiu s0, s0, 0x1
    jal WRITESERIAL                       //调用串口写函数
    nop
    lb a0, 0(s0)
    bne a0, zero, .Loop0                  //打印循环至 0 结束符
    nop
    j SHELL                               //开始交互
    nop
IDLELOOP:
    nop
    nop
    nop
    nop
    nop
    nop
    nop
    nop
    nop
    nop
    j IDLELOOP
    nop

    .section .bss.uregs
    .p2align 2
    .global uregs
uregs:
    .rept 32                          //第 31 个为用户程序入口地址临时保存
    .long 0
    .endr

    .text
    .p2align 2
    .global SHELL
    /*
     *   SHELL:监控程序交互模块
     *
     * 用户空间寄存器: $1 - $30 依次保存在 0x807F0000 连续 120 字节
     * 用户程序入口临时存储:0x807F0078
     * /
SHELL:
```

```
    jal READSERIAL                              //读操作符
    nop
    ori t0, zero, SH_OP_R
    beq v0, t0, .OP_R
    nop
    ori t0, zero, SH_OP_D
    beq v0, t0, .OP_D
    nop
    ori t0, zero, SH_OP_A
    beq v0, t0, .OP_A
    nop
    ori t0, zero, SH_OP_G
    beq v0, t0, .OP_G
    nop
    ori t0, zero, SH_OP_T
    beq v0, t0, .OP_T
    nop
    j .DONE                                     //错误的操作符,默认忽略
    nop

.OP_T:                                          //打印 TLB 项
    jal READSERIALWORD                          //取 num(index)
    nop
    addiu sp, sp, -0x18
    sw s0, 0x0(sp)
    sw s1, 0x4(sp)

    addiu s0, zero, -1                          //不支持 TLB,返回全 1
    sw s0, 0xC(sp)
    sw s0, 0x10(sp)
    sw s0, 0x14(sp)
    ori s1, zero, 0xC                           //打印 12 字节
    addiu s0, sp, 0xC                           //ENTRYHI 位置
.LC3:
    lb a0, 0x0(s0)                              //读一字节
    addiu s1, s1, -1                            //滚动计数器
    jal WRITESERIAL                             //打印
    nop
    addiu s0, s0, 1                             //移动打印指针
    bne s1, zero, .LC3                          //打印循环
    nop

    lw s0, 0x0(sp)
    lw s1, 0x4(sp)
    addiu sp, sp, 0x18
```

```
    j .DONE
    nop

.OP_R:                                  //打印用户空间寄存器
    addiu sp, sp, -8                    //保存 s0,s1
    sw s0, 0(sp)
    sw s1, 4(sp)

    lui s0, %hi(uregs)
    ori s1, zero, 120                   //计数器,打印 120 字节
.loopR:
    lb a0, %lo(uregs)(s0)               //读取字节
    addiu s1, s1, -1                    //滚动计数器
    jal WRITESERIAL                     //写入串口
    nop
    addiu s0, s0, 0x1                   //移动打印指针
    bne s1, zero, .loopR                //打印循环
    nop

    lw s0, 0(sp)                        //恢复 s0,s1
    lw s1, 4(sp)
    addiu sp, sp, 8
    j .DONE
    nop

.OP_D:                                  //打印内存 num 字节
    addiu sp, sp, -8                    //保存 s0,s1
    sw s0, 0(sp)
    sw s1, 4(sp)
    jal READSERIALWORD
    nop
    or s0, v0, zero                     //获得 addr
    jal READSERIALWORD
    nop
    or s1, v0, zero                     //获得 num

.loopD:
    lb a0, 0(s0)                        //读取字节
    addiu s1, s1, -1                    //滚动计数器
    jal WRITESERIAL                     //写入串口
    nop
    addiu s0, s0, 0x1                   //移动打印指针
    bne s1, zero, .loopD                //打印循环
    nop

    lw s0, 0(sp)                        //恢复 s0,s1
```

```
    lw s1, 4(sp)
    addiu sp, sp, 8
    j .DONE
    nop

.OP_A:                                   //写入内存 num 字节,num 为 4 的倍数
    addiu sp, sp, -8                     //保存 s0,s1
    sw s0, 0(sp)
    sw s1, 4(sp)

    jal READSERIALWORD
    nop
    or s0, v0, zero                      //获得 addr
    jal READSERIALWORD
    nop
    or s1, v0, zero                      //获得 num
    srl s1, s1, 2                        //num 除 4,获得字数
.LC2:                                    //每次写入一字
    jal READSERIALWORD                   //从串口读入一字
    nop
    sw v0, 0(s0)                         //写内存一字
    addiu s1, s1, -1                     //滚动计数器
    addiu s0, s0, 4                      //移动写指针
    bne s1, zero, .LC2                   //写循环
    nop

    lw s0, 0(sp)                         //恢复 s0,s1
    lw s1, 4(sp)
    addiu sp, sp, 8
    j .DONE
    nop

.OP_G:
    jal READSERIALWORD                   //获取 addr
    nop

    ori a0, zero, TIMERSET               //写 TIMERSET(0x06)信号
    jal WRITESERIAL                      //告诉终端用户程序开始运行
    nop

    or k0, v0, zero

    lui ra, %hi(uregs)                   //定位用户空间寄存器备份地址
    addiu ra, %lo(uregs)
    sw v0, PUTREG(31)(ra)                //保存用户程序入口
    sw sp, PUTREG(32)(ra)                //保存栈指针
```

```
    lw $1,  PUTREG(1)(ra)                //装入 $1-$30
    lw $2,  PUTREG(2)(ra)
    lw $3,  PUTREG(3)(ra)
    lw $4,  PUTREG(4)(ra)
    lw $5,  PUTREG(5)(ra)
    lw $6,  PUTREG(6)(ra)
    lw $7,  PUTREG(7)(ra)
    lw $8,  PUTREG(8)(ra)
    lw $9,  PUTREG(9)(ra)
    lw $10, PUTREG(10)(ra)
    lw $11, PUTREG(11)(ra)
    lw $12, PUTREG(12)(ra)
    lw $13, PUTREG(13)(ra)
    lw $14, PUTREG(14)(ra)
    lw $15, PUTREG(15)(ra)
    lw $16, PUTREG(16)(ra)
    lw $17, PUTREG(17)(ra)
    lw $18, PUTREG(18)(ra)
    lw $19, PUTREG(19)(ra)
    lw $20, PUTREG(20)(ra)
    lw $21, PUTREG(21)(ra)
    lw $22, PUTREG(22)(ra)
    lw $23, PUTREG(23)(ra)
    lw $24, PUTREG(24)(ra)
    lw $25, PUTREG(25)(ra)
    //lw $26, PUTREG(26)(ra)
    //lw $27, PUTREG(27)(ra)
    lw $28, PUTREG(28)(ra)
    lw $29, PUTREG(29)(ra)
    lw $30, PUTREG(30)(ra)

    lui ra, %hi(.USERRET2)               //ra 写入返回地址
    addiu ra, %lo(.USERRET2)
    nop
    jr k0
    nop
.USERRET2:
    nop

    lui ra, %hi(uregs)                   //定位用户空间寄存器备份地址
    addiu ra, %lo(uregs)

    sw $1,  PUTREG(1)(ra)                //备份 $1-$30
    sw $2,  PUTREG(2)(ra)
    sw $3,  PUTREG(3)(ra)
```

```
    sw $4,  PUTREG(4)(ra)
    sw $5,  PUTREG(5)(ra)
    sw $6,  PUTREG(6)(ra)
    sw $7,  PUTREG(7)(ra)
    sw $8,  PUTREG(8)(ra)
    sw $9,  PUTREG(9)(ra)
    sw $10, PUTREG(10)(ra)
    sw $11, PUTREG(11)(ra)
    sw $12, PUTREG(12)(ra)
    sw $13, PUTREG(13)(ra)
    sw $14, PUTREG(14)(ra)
    sw $15, PUTREG(15)(ra)
    sw $16, PUTREG(16)(ra)
    sw $17, PUTREG(17)(ra)
    sw $18, PUTREG(18)(ra)
    sw $19, PUTREG(19)(ra)
    sw $20, PUTREG(20)(ra)
    sw $21, PUTREG(21)(ra)
    sw $22, PUTREG(22)(ra)
    sw $23, PUTREG(23)(ra)
    sw $24, PUTREG(24)(ra)
    sw $25, PUTREG(25)(ra)
    //sw $26, PUTREG(26)(ra)
    //sw $27, PUTREG(27)(ra)
    sw $28, PUTREG(28)(ra)
    sw $29, PUTREG(29)(ra)
    sw $30, PUTREG(30)(ra)

    lw sp, PUTREG(32)(ra)
    ori a0, zero, TIMETOKEN              //发送 TIMETOKEN(0x07)信号
    jal WRITESERIAL                      //告诉终端用户程序结束运行
    nop

    j .DONE
    nop

.DONE:
    j SHELL                              //交互循环
    nop

    .global WRITESERIAL
    .global READSERIAL
    .global READSERIALWORD
WRITESERIAL:                             //写串口:将 a0 的低 8 位写入串口
    lui t1, %hi(SerialStat)
.TESTW:
```

```
    lb t0, %lo(SerialStat)(t1)          //查看串口状态
    andi t0, t0, 0x0001                 //截取写状态位
    bne t0, zero, .WSERIAL              //状态位非零可进入写
    nop
    j .TESTW                            //检测验证,忙等待
    nop
.WSERIAL:
    lui t1, %hi(SerialData)
    sb a0, %lo(SerialData)(t1)          //写入
    jr ra
    nop

READSERIAL:                             //读串口:将读到的数据写入 v0 低 8 位

    lui t1, %hi(SerialStat)
.TESTR:
    lb t0, %lo(SerialStat)(t1)          //查看串口状态
    andi t0, t0, 0x0002                 //截取读状态位
    bne t0, zero, .RSERIAL              //状态位非零可读进入读
    nop
    j .TESTR                            //检测验证
    nop
.RSERIAL:
    lui t1, %hi(SerialData)
    lb v0, %lo(SerialData)(t1)          //读出
    jr ra
    nop

READSERIALWORD:
    addiu sp, sp, -0x14                 //保存 ra,s0
    sw ra, 0x0(sp)
    sw s0, 0x4(sp)
    sw s1, 0x8(sp)
    sw s2, 0xC(sp)
    sw s3, 0x10(sp)

    jal READSERIAL                      //读串口获得 8 位
    nop
    or s0, zero, v0                     //结果存入 s0
    jal READSERIAL                      //读串口获得 8 位
    nop
    or s1, zero, v0                     //结果存入 s1
    jal READSERIAL                      //读串口获得 8 位
    nop
    or s2, zero, v0                     //结果存入 s2
    jal READSERIAL                      //读串口获得 8 位
```

```
nop
or s3, zero, v0                    //结果存入 s3

andi s0, s0, 0x00FF                //截取低 8 位
andi s3, s3, 0x00FF
andi s2, s2, 0x00FF
andi s1, s1, 0x00FF
or v0, zero, s3                    //存高 8 位
sll v0, v0, 8                      //左移
or v0, v0, s2                      //存 8 位
sll v0, v0, 8                      //左移
or v0, v0, s1                      //存 8 位
sll v0, v0, 8                      //左移
or v0, v0, s0                      //存低 8 位

lw ra, 0x0(sp)                     //恢复 ra,s0
lw s0, 0x4(sp)
lw s1, 0x8(sp)
lw s2, 0xC(sp)
lw s3, 0x10(sp)
addiu sp, sp, 0x14
jr ra
nop
```

附录 D　监控程序 Term 源代码

```
#! /usr/bin/env python
# -*- encoding=utf-8 -*-

import argparse
import math
import os
import platform
import re
import select
import socket
import string
import struct
import subprocess
import sys
import tempfile
from timeit import default_timer as timer
try:
    import serial
except:
    print("Please install pyserial")
    exit(1)
try:
    import readline
except:
    pass
try: type(raw_input)
except NameError: raw_input=input

CCPREFIX="mips-mti-elf-"
if 'GCCPREFIX' in os.environ:
    CCPREFIX=os.environ['GCCPREFIX']

Reg_alias=['zero','AT','v0','v1','a0','a1','a2','a3','t0','t1','t2','t3
','t4','t5','t6','t7','s0','s1','s2','s3','s4','s5','s6','s7','t8','t9/jp','k0
','k1','gp','sp','fp/s8','ra']
```

```
def output_binary(binary):
    if hasattr(sys.stdout,'buffer'): # Python 3
        sys.stdout.buffer.write(binary)
    else:
        sys.stdout.write(binary)

# convert 32-bit int to byte string of length 4, from LSB to MSB
def int_to_byte_string(val):
    return struct.pack('<I', val)

def byte_string_to_int(val):
    return struct.unpack('<I', val)[0]

# invoke assembler to encode single instruction (in little endian
  MIPS32)
# returns a byte string of encoded instruction, from lowest byte to
  highest byte
# returns empty string on failure
def single_line_asm(instr):
    tmp_asm=tempfile.NamedTemporaryFile(delete=False)
    tmp_obj=tempfile.NamedTemporaryFile(delete=False)
    tmp_binary=tempfile.NamedTemporaryFile(delete=False)
    try:
        tmp_asm.write((instr + "\n").encode('utf-8'))
        tmp_asm.close()
        tmp_obj.close()
        tmp_binary.close()
        subprocess.check_output([
            CCPREFIX + 'as', '-EL', '-mips32r2', tmp_asm.name, '-o', tmp_
            obj.name])
        subprocess.check_call([
            CCPREFIX + 'objcopy', '-j', '.text', '-O', 'binary', tmp_obj.
            name,
            tmp_binary.name])
        with open(tmp_binary.name,'rb') as f:
            binary=f.read()
            if len(binary) > 4:
                binary=binary[:4]
            return binary
    except subprocess.CalledProcessError as e:
        print(e.output)
        return ''
    except AssertionError as e:
        print(e)
        return ''
    finally:
```

```
        os.remove(tmp_asm.name)
        # object file won't exist if assembler fails
        if os.path.exists(tmp_obj.name):
            os.remove(tmp_obj.name)
        os.remove(tmp_binary.name)

# invoke objdump to disassemble single instruction
# accepts encoded instruction (exactly 4 bytes), from least significant
  byte
# objdump does not seem to report errors so this function does not guar-
  antee
# to produce meaningful result
def single_line_disassmble(binary_instr):
    assert(len(binary_instr)==4)
    tmp_binary=tempfile.NamedTemporaryFile(delete=False)
    tmp_binary.write(binary_instr)
    tmp_binary.close()

    raw_output=subprocess.check_output([
        CCPREFIX+'objdump','-D','-b','binary',
        '-m','mips:isa32r2', tmp_binary.name])
    # the last line should be something like:
    #    0:   21107f00        addu    v0,v1,ra
    result=raw_output.strip().split(b'\n')[-1].split(None, 2)[-1]
    os.remove(tmp_binary.name)

    return result.decode('utf-8')

def run_T(num):
    if num < 0: #Print all entries
        start=0
        entries=16
    else:
        start=num
        entries=1
    print("Index |ASID |  VAddr |PAddr |C |D |V |G")
    for i in range(start, start+entries):
        outp.write(b'T')
        outp.write(int_to_byte_string(i))
        entry_hi=byte_string_to_int(inp.read(4))
        entry_lo0=byte_string_to_int(inp.read(4))
        entry_lo1=byte_string_to_int(inp.read(4))
        if (entry_hi & entry_lo1 & entry_lo0)==0xffffffff:
            print("Error: TLB support not enabled")
            break
        print("%x %02x %05x_000 %05x_000 %x %x %x %x" %\
```

```
            (i, entry_hi&0xff, entry_hi>>12, entry_lo0>>6, entry_lo0>>3&7, \
entry_lo0>>2&1, entry_lo0>>1&1, entry_lo0&1))
        print ("%05x_000 %05x_000 %x %x %x %x" %\
            (entry_hi>>12 |1, entry_lo1>>6, entry_lo1>>3&7,\
            entry_lo1>>2&1, entry_lo1>>1&1, entry_lo1&1))

def run_A(addr):
    print("one instruction per line, empty line to end.")
    while True:
        line=raw_input('[0x%04x] '%addr)
        if line.strip()=='':
            return
        try:
            instr=int_to_byte_string(int(line, 16))
        except ValueError:
            instr=single_line_asm(line)
            if instr=='':
                continue
        outp.write(b'A')
        outp.write(int_to_byte_string(addr))
        outp.write(int_to_byte_string(4))
        outp.write(instr)
        addr=addr + 4


def run_R():
    outp.write(b'R')
    for i in range(1, 31):
        val_raw=inp.read(4)
        val=byte_string_to_int(val_raw)
        print('R{0}{1:7}=0x{2:0>8x}'.format(
            str(i).ljust(2),
            '(' + Reg_alias[i] +')',
            val,
        ))

def run_D(addr, num):
    if num %4 !=0:
        print("num %4 should be zero")
        return
    outp.write(b'D')
    outp.write(int_to_byte_string(addr))
    outp.write(int_to_byte_string(num))
    counter=0
    while counter < num:
        val_raw=inp.read(4)
```

```
        counter=counter + 4
        val=byte_string_to_int(val_raw)
        print('0x%08x: 0x%08x'%(addr,val))
        addr=addr + 4

def run_U(addr, num):
    if num %4 !=0:
        print("num % 4 should be zero")
        return
    outp.write(b'D')
    outp.write(int_to_byte_string(addr))
    outp.write(int_to_byte_string(num))
    counter=0
    while counter < num:
        val_raw=inp.read(4)
        print('0x%08x: %s'%(addr,single_line_disassmble(val_raw)))
        counter=counter + 4
        addr=addr + 4

def run_G(addr):
    outp.write(b'G')
    outp.write(int_to_byte_string(addr))
    class TrapError(Exception):
        pass
    try:
        ret=inp.read(1)
        if ret==b'\x80':
            raise TrapError()
        if ret !=b'\x06':
            print("start mark should be 0x06")
        time_start=timer()
        while True:
            ret=inp.read(1)
            if ret==b'\x07':
                break
            elif ret==b'\x80':
                raise TrapError()
            output_binary(ret)
        print(") #just a new line
        elapse=timer() - time_start
        print('elapsed time: %.3fs'%(elapse))
    except TrapError:
        print('supervisor reported an exception during execution')

def MainLoop():
    while True:
```

```
        try:
            cmd = raw_input('>> ').strip().upper()
        except EOFError:
            break
        EmptyBuf()
        try:
            if cmd == 'Q':
                break
            elif cmd == 'A':
                addr = raw_input('>>addr: 0x')
                run_A(int(addr, 16))
            elif cmd == 'R':
                run_R()
            elif cmd == 'D':
                addr = raw_input('>>addr: 0x')
                num = raw_input('>>num: ')
                run_D(int(addr, 16), int(num))
            elif cmd == 'U':
                addr = raw_input('>>addr: 0x')
                num = raw_input('>>num: ')
                run_U(int(addr, 16), int(num))
            elif cmd == 'G':
                addr = raw_input('>>addr: 0x')
                run_G(int(addr, 16))
            elif cmd == 'T':
                num = raw_input('>>num: ')
                run_T(int(num))
            else:
                print("Invalid command")
        except ValueError as e:
            print(e)

def InitializeSerial(pipe_path, baudrate):
    global outp, inp
    tty = serial.Serial(port = pipe_path, baudrate = baudrate)
    tty.reset_input_buffer()
    inp = tty
    outp = tty
    return True

def Main(welcome_message = True):
    #debug
    # welcome_message = False
    if welcome_message:
        output_binary(inp.read(33))
        print(")
```

```
    MainLoop()

class tcp_wrapper:

    def _init_(self, sock=None):
        if sock is None:
            self.sock=socket.socket(
                socket.AF_INET, socket.SOCK_STREAM)
        else:
            self.sock=sock

    def connect(self, host, port):
        self.sock.connect((host, port))

    def write(self, msg):
        totalsent=0
        MSGLEN=len(msg)
        while totalsent < MSGLEN:
            sent=self.sock.send(msg[totalsent:])
            if sent==0:
                raise RuntimeError("socket connection broken")
            totalsent=totalsent + sent

    def flush(self): # dummy
        pass

    def read(self, MSGLEN):
        chunks=[]
        bytes_recd=0
        while bytes_recd < MSGLEN:
            chunk=self.sock.recv(min(MSGLEN - bytes_recd, 2048))
            # print 'read:...', list(map(lambda c: hex(ord(c)), chunk))
            if chunk==b":
                raise RuntimeError("socket connection broken")
            chunks.append(chunk)
            bytes_recd=bytes_recd + len(chunk)
        return b".join(chunks)

    def reset_input_buffer(self):
        local_input=[self.sock]
        while True:
            inputReady, o, e=select.select(local_input, [], [], 0.0)
            if len(inputReady)==0:
                break
            for s in inputReady:
                s.recv(1)
```

```
def EmptyBuf():
    inp.reset_input_buffer()

def InitializeTCP(host_port):

    ValidIpAddressRegex=re.compile("^((([0-9]|[1-9][0-9]|1[0-9]{2}
    |2[0-4][0-9]|25[0-5])\.){3}([0-9]|[1-9][0-9]|1[0-9]{2}|2[0-4]
    [0-9]|25[0-5])):(\d+)$");
    ValidHostnameRegex=re.compile("^((([a-zA-Z0-9]|[a-zA-Z0-9][a-
    zA-Z0-9\-]*[a-zA-Z0-9])\.)*([A-Za-z0-9]|[A-Za-z0-9][A-Za-z0-
    9\-]*[A-Za-z0-9])):(\d+)$");

    if ValidIpAddressRegex.search(host_port) is None and \
        ValidHostnameRegex.search(host_port) is None:
        return False

    match=ValidIpAddressRegex.search(host_port) or\
        ValidHostnameRegex.search(host_port)
    groups=match.groups()
    ser=tcp_wrapper()
    host, port=groups[0], groups[4]
    sys.stdout.write("connecting to %s:%s..." %(host, port))
    sys.stdout.flush()
    ser.connect(host, int(port))
    print("connected")

    global outp, inp
    outp=ser
    inp=ser
    return True

if _name_=="_main_":
    #para='127.0.0.1:6666' if len(sys.argv) !=2 else sys.argv[1]

    parser=argparse.ArgumentParser(description='Term for mips32 ex-
    pirence.')
    parser.add_argument('-c','--continued', action='store_true',
        help='Term will not wait for welcome if this flag is set')
    parser.add_argument('-t','--tcp', default=None,
        help='TCP server address:port for communication')
    parser.add_argument('-s','--serial', default=None,
        help='Serial port name (e.g. /dev/ttyACM0, COM3)')
    parser.add_argument('-b','--baud', default=9600,
        help='Serial port baudrate (9600 by default)')
    args=parser.parse_args()
```

```
if args.tcp:
    if not InitializeTCP(args.tcp):
        print('Failed to establish TCP connection')
        exit(1)
elif args.serial:
    if not InitializeSerial(args.serial, args.baud):
        print('Failed to open serial port')
        exit(1)
else:
    parser.print_help()
    exit(1)
Main(not args.continued)
```